高等农林教育“十三五”规划教材
普通高等教育“十一五”国家级规划教材
《普通化学》(第4版)配套教材
硕士研究生考研辅导书

普通化学学习指导

第2版

王红梅　赵士铎　主编

中国农业大学出版社
·北京·

图书在版编目(CIP)数据

普通化学学习指导/王红梅，赵士铎主编. —2版. —北京：中国农业大学出版社，2019.4(2022.2重印)

ISBN 978-7-5655-2192-8

Ⅰ.①普…　Ⅱ.①王…②赵…　Ⅲ.①普通化学-高等学校-教学参考资料　Ⅳ.①O6

中国版本图书馆CIP数据核字(2019)第061787号

书　　名　普通化学学习指导　第2版

作　　者　王红梅　赵士铎　主编

策划编辑　张秀环　　**责任编辑**　张秀环

封面设计　郑　川

出版发行　中国农业大学出版社

社　　址　北京市海淀区圆明园西路2号　　**邮政编码**　100193

电　　话　发行部 010-62818525，8625　　读者服务部 010-62732336

编辑部 010-62732617，2618　　出　版　部 010-62733440

网　　址　http://www.caupress.cn　　**E-mail** cbsszs@cau.edu.cn

经　　销　新华书店

印　　刷　涿州市星河印刷有限公司

版　　次　2019年4月第2版　　2022年2月第3次印刷

规　　格　787×980　　16开本　　9.5印张　　176千字

定　　价　28.00元

第 2 版编写委员会

主　编　王红梅　赵士铎

副主编　张　莉　熊艳梅　石　军　李子荣　郑先福

参　编　宁爱民　刘永红　张大伟　宋祖伟　吴琼洁
邸建城　杨正亮　胡　滨

第 1 版编写委员会

主　编　赵士铎

副主编　（按姓氏笔画排序）

石　军　李子荣　郑先福　蒋　疆

熊艳梅

参　编　（按姓氏笔画排序）

宁爱民　刘永红　张大伟　宋祖伟

吴琼洁　杨正亮

第 2 版前言

本书是王红梅、赵士铎老师主编的《普通化学》第 4 版的配套辅导用书，是在《普通化学学习指导》的基础上的勘误和适当修改。

普通化学是高等农林院校学生必修的一门重要基础课。自 2007 年起，普通化学已纳入高等农林院校硕士研究生入学必考科目。本书作为本科生学习普通化学的参考书，也是研究生入学前对普通化学进行复习、总结和练习的必备资料。本书第 1 版自使用以来，受到广大师生的欢迎和好评，但是错误在所难免。于是我们再版，适当增减习题，并将原来出现的问题和编排错误纠正过来。

感谢参加本书第 1 版编写的各位老师。另外，吉林大学的胡滨、邸建城，中国农业大学的张莉、王红梅也参与了本版的编写。中国农业大学出版社为本书出版提供了大量的帮助，张秀环老师为本书出版付出了很多的心血，在此一并致谢！

编　者

2018 年 12 月于中国农业大学

第 1 版前言

本书是普通高等教育“十一五”国家级规划教材《普通化学》(第 3 版)(赵士铎主编,中国农业大学出版社)的配套教材,涵盖主教材中前十章内容。

“普通化学”是高等农林院校本科生的一门重要基础课程,自 2007 年起,已纳入硕士研究生入学考试全国统考科目。本书可作为本科生学习的参考材料,也可供硕士研究生入学考试前复习用。

做适量典型、有一定难度的精选习题,是学习每门课程极其重要的一个环节。本书每章按“内容提要”“典型例题解析”“自我检查”和“习题答案”四部分编写。除“内容提要”扼要、系统地介绍主教材中涉及的基本概念、基本原理外,“典型例题解析”则通过实例介绍应用基本原理解决实际问题的方法,“自我检查”中给出了适量习题供学生练习,“习题答案”对主教材习题给出了参考答案。

参加本书编写的有吉林大学、西北农林科技大学、华中农业大学、天津农学院、河南农业大学、福建农林大学、青岛农业大学、安徽科技学院、中国农业大学等多所院校的教学经验丰富的教师,本书由主编统稿完成。由于编者水平有限,恳请读者对书中疏漏、不足之处给予指正。

诚望本书对读者有所裨益。

赵士铎

2008 年 6 月于中国农业大学

目　录

第1章　分　散　系

一、内容提要

1.理想气体状态方程、分压定律

分子本身无体积、分子间无相互作用力的气体称为理想气体。

理想气体的压力 p、体积 V、温度 T 和物质的量 n 之间的关系可用理想气体状态方程表示：

$$pV = nRT$$

式中：R 为摩尔气体常数，$R = 8.314\ 5\ \text{Pa} \cdot \text{m}^3 \cdot \text{mol}^{-1} \cdot \text{K}^{-1} = 8.314\ 5\ \text{J} \cdot \text{mol}^{-1} \cdot \text{K}^{-1}$。

理想气体混合物中，某组分气体的分压与其单独占有整个容器时所产生的压力相等，理想气体混合物的总压力等于各组分气体分压之和：

$$p_i = \frac{n_i}{V}RT$$

$$p = p_1 + p_2 + p_3 + \cdots = \sum_i p_i$$

根据以上二式，可得：

$$p_i = \frac{n_i}{n}p = x_i p$$

即理想气体混合物中某组分气体的分压等于该组分气体的摩尔分数与总压力的乘积。

2.蒸气压、沸点、凝固点

蒸发是固体、液体气化的一种方式。物质分子脱离物质表面而进入气相的过程称为蒸发。一定温度下，固体或液体与其蒸气平衡时蒸气的压力称为该温度下固体或液体的饱和蒸气压，简称为蒸气压。

沸腾是液体气化的另一种方式。当液体的蒸气压等于外压时，液体的气化将不仅仅发生于液体表面，同时发生于液体内部，这种气化过程称为沸腾。液体蒸气压等于外压时的温度称为液体的沸点。

暴露于 $p=101.325$ kPa 压力的空气中，固态物质与液态物质达于平衡状态时的温度称为液体的凝固点，亦称为液体的冰点或固体的熔点。此时，固态物质与液态物质的蒸气压相等。

3.分散系和溶液

一种或几种物质分散在另一种物质中构成的系统为分散系。被分散的物质为分散质，接受分散质的物质为分散介质。

按分散质粒径大小，分散系可分为均相掺和物、胶体分散系(高分子溶液、溶胶)、粗分散系三类。其中，均相掺和物和高分子溶液是稳定的单相系统，而粗分散系和溶胶为多相系统。

所谓溶液，指液态、固态的均相掺和物。

溶液的组成标度，是表示溶液组成的物理量。常用的有物质的量浓度、质量摩尔浓度、摩尔分数(又称为物质的量分数)、质量分数、质量浓度等。在使用物质的量浓度、质量摩尔浓度、摩尔分数时，一定要用化学式指明物质的基本单元。

4.稀溶液的通性

稀溶液中，溶质对溶剂的作用可忽略。稀溶液中的溶剂，与纯溶剂的差异仅仅在于摩尔分数的减小，因此必然造成稀溶液中的溶剂与纯溶剂之间一系列物理性质的差异。所以，相同溶剂、溶质的摩尔分数相同的稀溶液，必定具有一系列相同的性质。这些与溶质本性无关而与溶质的浓度有关的特性称为稀溶液的依数性，也称稀溶液的通性。溶剂的摩尔分数不低于0.98的溶液一般可视为稀溶液。

由于溶液中溶剂的摩尔分数低于纯溶剂的摩尔分数，故溶液中溶剂的蒸气压低于同温度下纯溶剂的蒸气压：非电解质稀溶液中溶剂的蒸气压(p)等于纯溶剂的蒸气压(p^*)与溶液中溶剂的摩尔分数 $x(\mathrm{A})$的乘积，即

$$p=p^{*}x(\mathrm{A})$$

对二组分稀溶液，上式又可表示为：

$$\Delta p=p^{*}x(\mathrm{B})$$

式中：Δp 为溶液的蒸气压下降，$x(\mathrm{B})$为溶质的摩尔分数。以上二式，是拉乌尔定律的两种不同的表示。

对于难挥发非电解质稀溶液，拉乌尔定律又可表述为：一定温度下，难挥发非电解质稀溶液的蒸气压下降等于纯溶剂的蒸气压与溶质摩尔分数的乘积。

溶液的沸点，是溶液蒸气压等于外压时的温度。难挥发溶质的溶液蒸气压下降，必然引起溶液的沸点升高。难挥发非电解质的稀溶液，沸点升高与溶质的质量摩尔浓度成正比：

$$\Delta T_b = K_b b(\mathrm{B})$$

式中：K_b 称为溶剂的沸点升高常数，其只与溶剂的性质有关，而与溶质的性质无关。

将蔗糖水溶液或乙醇水溶液冷却，开始有固态冰析出时，冰并无甜味或乙醇味。所以稀溶液在凝固点时，开始析出的仅仅是固态纯溶剂。溶液的凝固点，是溶液中溶剂的蒸气压与纯固态溶剂的蒸气压相等时的温度。溶液中，溶剂蒸气压下降，必然引起溶液的凝固点降低。非电解质的稀溶液，凝固点降低与溶质的质量摩尔浓度成正比：

$$\Delta T_f = K_f b(\mathrm{B})$$

式中：K_f 为溶剂的凝固点降低常数，其只与溶剂的性质有关，而与溶质的性质无关。因为同一溶剂的凝固点降低常数，总大于沸点升高常数，且凝固点降低公式，对难挥发非电解质或易挥发非电解质溶质均适用，因此常用凝固点降低法测定物质的摩尔质量。

阻止纯溶剂透过半透膜向稀溶液扩散，施于溶液的最小压力称为溶液的渗透压。一定温度下，渗透压与溶液的物质的量浓度成正比：

$$\pi = cRT$$

式中：c 为溶液的物质的量浓度；T 为热力学温度；R 为摩尔气体常数。常利用渗透压法测定大分子的摩尔质量。

稀溶液以上四性质，知其一便可知其余。

挥发性溶质也产生蒸气压，与溶剂蒸气压之和可能使溶液蒸气压不下降，反而升高；溶质是电解质时，溶液中实际存在的粒子是离子而不是分子，离子间作用复杂，有效浓度不易准确计算；浓溶液中，溶质对溶剂的作用不可忽略。故以上几种情况下，拉乌尔定律均不适用，所以，沸点升高、凝固点降低、渗透压公式也均不能适用（凝固点降低公式可适用于易挥发非电解质稀溶液）。

5.胶体溶液

分散质粒子的直径在 1～100 nm 范围时，分散在液体介质中可形成溶胶；分散在气体介质中可形成气溶胶。溶胶是多相、高度分散而具有巨大表面能的系统。降低表面能有两个途径：聚结和表面吸附。凝聚将使得胶体破坏，而表面吸附则使得胶体具有一定的热力学稳定性，或称为聚结稳定性。

溶胶之所以具有特殊的光学性质、动力学性质和电学性质，且具有一定的稳定性，与其特殊的胶团结构有关。

胶团由胶粒和扩散层组成,胶粒由胶核和吸附层组成,在吸附层中有电位离子和反离子。

将 $AgNO_3$ 逐滴加入到 KI 溶液中时,形成 AgI 沉淀。大量的 AgI 沉淀聚在一起形成 1～100 nm 的胶核,以 $(AgI)_m$ 表示。胶核表面又选择性吸附与其有共同组成的离子:当 KI 过量时,胶核优先选择性吸附 I^- 形成带负电荷的粒子,又因静电引力吸附溶液中过量的 K^+ 作为反离子,与胶核、电位离子一起组成胶体的吸附层。在吸附层外,K^+ 还松散地分散在胶粒的周围,形成扩散层,胶粒和扩散层一起构成胶团。

$$\{(AgI)_m \cdot nI^- \cdot (n-x)K^+\}^{x-} \cdot xK^+$$

胶核　电位离子　反离子　　反离子

当 $AgNO_3$ 过量时,胶团结构如下:

$$\{(AgI)_m \cdot nAg^+ \cdot (n-x)NO_3^-\}^{x+} \cdot xNO_3^-$$

胶核　　电位离子　　　反离子　　反离子

一定条件下,溶胶具有一定的稳定性。一是聚结稳定性。胶团的扩散双电层结构使胶粒带电,静电排斥作用使胶体粒子不聚结;胶团扩散层反离子都是水化离子,水化膜的弹性也可防止胶体粒子间发生聚结。二是动力学稳定性。溶胶粒子的布朗运动,即粒子的热运动,可克服重力吸引,使胶体粒子不会沉淀。

使溶胶聚沉(破坏)的方法包括加大浓度、长时间加热、加电解质等,最有效的方法是加电解质。

向溶胶中加入大量电解质后,与胶粒电性相反的电解质离子挤进扩散层,使扩散层变薄,甚至可挤进吸附层。胶团失去扩散层,使胶团聚结能力变大,溶胶发生聚沉。与胶粒电性相反的电解质离子对溶胶起聚沉作用,且离子的价数越高,聚沉能力越强。例如,对 As_2S_3 负电溶胶,不同价离子的聚沉能力是 $Al^{3+} > Mg^{2+} > Na^+$。对 $Fe(OH)_3$ 正电溶胶,不同价离子的聚沉能力是 $PO_4^{3-} > SO_4^{2-} > Cl^-$。相同电荷的离子半径越小,聚沉能力越小。例如对 As_2S_3 负电溶胶,一价阳离子聚沉能力 $Rb^+ > K^+ > Na^+ > Li^+$。

两种电荷相反的溶胶按适当比例混合,也可以发生聚沉。例如 $Fe(OH)_3$ 正电溶胶和 As_2S_3 负电溶胶可相互沉淀。

二、典型例题解析

例 1.1 一理想气体混合物,含 A,B,C,D 四种气体各 1 mol。在保持温度、压力不变条件下，向其中充入 A 0.1 mol，则下列说法错误的为：

A. 气体 A 分压降低； B. 气体 B 分压降低；

C. 气体 C 分压降低； D. 气体 D 分压降低。

解：

设气体总压力为 p。

理想气体混合物中某组分气体的分压等于该组分气体的摩尔分数与总压力的乘积：

$$p_i = \frac{n_i}{n} p = x_i p$$

算得：未加入 A 以前，$p(\mathrm{A}) = p(\mathrm{B}) = p(\mathrm{C}) = p(\mathrm{D}) = 0.25p$

加入 A 后，$p(\mathrm{A}) = 0.27p$

$$p(\mathrm{B}) = p(\mathrm{C}) = p(\mathrm{D}) = 0.24p$$

即 A 分压增高，B，C，D 分压降低。故答案 A 正确。

例 1.2 饮用水中残留 Cl_2 的质量浓度 $\rho(Cl_2)$ 不得超出 $2\times10^{-6}\ \mathrm{g\cdot mL^{-1}}$。与此相当的 Cl_2 的质量摩尔浓度 $b(Cl_2)/(\mathrm{mol\cdot kg^{-1}})$ 约为：

A. 3×10^{-6}； B. 3×10^{-5}； C. 3×10^{-3}； D. 3×10^{-2}。

解：

因溶液极稀，溶剂水的质量约等于溶液的质量，且密度 $\rho\approx1\ \mathrm{kg\cdot L^{-1}}$

$$b(\mathrm{Cl_2}) = \frac{n(\mathrm{Cl_2})}{m} \approx \frac{\dfrac{m(\mathrm{Cl_2})}{M(\mathrm{Cl_2})}}{\rho\cdot V} = \frac{\rho(\mathrm{Cl_2})}{M(\mathrm{Cl_2})\cdot\rho} = 3\times10^{-5}\ \mathrm{mol\cdot kg^{-1}}$$

故答案 B 正确。

例 1.3 一蔗糖水溶液，沸点为 100.10℃。其凝固点为：

A. 0.36℃； B. −0.36℃； C. 0.028℃； D. −0.028℃。

解：

溶液凝固点降低，此溶液凝固点应低于 0℃，故答案 A，C 不正确；凝固点降低常数大于沸点升高常数，凝固点降低比沸点升高显著，故答案 D 不正确。答案 B 正确。

例 1.4 取下列物质各 1 g，分别溶于 1 000 g 苯。溶液凝固点最高的为：

A. CH_3Cl； B. CH_2Cl_2； C. $CHCl_3$； D. CCl_4。

解：

以上 4 种物质，摩尔质量依次增大，所以溶液质量摩尔浓度依次降低，凝固点依次增高,故答案D正确。

例 1.5 下列叙述错误的为:

A. 相同温度下,$c(C_{12}H_{22}O_{11})=0.01\ mol\cdot L^{-1}$ 的蔗糖水溶液和 $c(C_{12}H_{22}O_{11})=0.01\ mol\cdot L^{-1}$ 的蔗糖乙醇溶液,渗透压相等;

B. $b(C_{12}H_{22}O_{11})=0.001\ mol\cdot kg^{-1}$ 的蔗糖乙醇溶液和 $b(C_6H_6)=0.001\ mol\cdot kg^{-1}$ 的苯乙醇溶液,凝固点相等;

C. $c(C_{12}H_{22}O_{11})=0.01\ mol\cdot L^{-1}$ 的蔗糖水溶液和 $c(C_{12}H_{22}O_{11})=0.02\ mol\cdot L^{-1}$ 的蔗糖水溶液用半透膜隔开,水由后者向前者渗透;

D. 质量摩尔浓度相同的稀蔗糖水溶液、葡萄糖水溶液,沸点相等。

解:

一定温度下,渗透压大小只与溶质的物质的量浓度有关,答案A叙述正确;凝固点降低公式,适用于难挥发、易挥发溶质,答案B叙述正确;相同溶剂的难挥发非电解质稀溶液,沸点只与溶质质量摩尔浓度有关,答案D叙述正确。相同溶剂浓度不同的2溶液被半透膜隔开,溶剂由渗透压较小的溶液向渗透压较大的溶液渗透,答案C叙述不正确,故答案C正确。

例 1.6 胶体是分散质粒径约在________范围的分散系,是________的热力学不稳定系统。

解:

1～100 nm; 具有巨大表面能。

例 1.7 溶胶具有一定的聚结稳定性的原因是________和________,具有一定动力学稳定性的原因是________。

胶粒带电; 溶剂化膜的保护; 布朗运动(热运动)。

例 1.8 利用反应 $As_2O_3+3H_2S=\!=\!=As_2S_3(s)+3H_2O$ 制备硫化砷溶胶。硫化砷溶胶的胶团结构为________。

解: As_2S_3 固体颗粒是硫化砷溶胶的胶核,根据离子选择性吸附原理,胶核优先吸附与自身有关的 HS^-,成为电位离子,H^+ 为反离子,所以胶团结构为

$$[(As_2S_3)_m\cdot nHS^-\cdot(n-x)H^+]^{x-}\cdot xH^+$$

例 1.9 实验室常用冰盐做制冷剂,简述其原理。

解:

当食盐和冰放在一起,食盐会溶解在冰表面的少量水中,在表面形成了溶液,使凝固点降低,导致冰的熔化,在熔化过程中因大量吸热而使环境制冷。

例 1.10 计算298.15 K时,质量分数 $w(H_2SO_4)=9.47\%$,密度 $\rho=1.06\ g\cdot$

mL^{-1} 的硫酸水溶液的物质的量浓度 $c(H_2SO_4)$、质量摩尔浓度 $b(H_2SO_4)$、摩尔分数 $x(H_2SO_4)$。

解：

$$c(H_2SO_4)=\frac{w(H_2SO_4)\rho}{M(H_2SO_4)}=\frac{0.094\,7\times 1.06\ \text{kg}\cdot\text{L}^{-1}}{98.0\times 10^{-3}\ \text{kg}\cdot\text{mol}^{-1}}=1.02\ \text{mol}\cdot\text{L}^{-1}$$

$$b(H_2SO_4)=\frac{n(H_2SO_4)}{m(H_2O)}=\frac{c(H_2SO_4)V(H_2SO_4)}{V(H_2SO_4)\rho-c(H_2SO_4)V(H_2SO_4)M(H_2SO_4)}$$

$$=\frac{c(H_2SO_4)}{\rho-c(H_2SO_4)M(H_2SO_4)}$$

$$=\frac{1.02\ \text{mol}\cdot\text{L}^{-1}}{1.06\ \text{kg}\cdot\text{L}^{-1}-1.02\ \text{mol}\cdot\text{L}^{-1}\times 98.0\times 10^{-3}\ \text{kg}\cdot\text{mol}^{-1}}$$

$$=1.06\ \text{mol}\cdot\text{kg}^{-1}$$

$$x(H_2SO_4)=\frac{n(H_2SO_4)}{n(H_2O)+n(H_2SO_4)}$$

$$=\frac{c(H_2SO_4)V(H_2SO_4)}{\left[\frac{V(H_2SO_4)\rho-M(H_2SO_4)c(H_2SO_4)V(H_2SO_4)}{M(H_2O)}\right]+c(H_2SO_4)V(H_2SO_4)}$$

$$=0.018\,8$$

例 1.11　有两种溶液，一种为 1.50 g 尿素溶于 200 g 水中，另一种为 42.8 g 未知物溶于 1 000 g 水中，两种溶液在同一温度结冰。求未知物的摩尔质量。

解：

根据
$$\Delta T_f=K_f\cdot b(B)=K_f\frac{m(B)}{m(A)\cdot M(B)}$$

得

$$\frac{m(\text{尿素})}{m(H_2O)_1\cdot M(\text{尿素})}=\frac{m(\text{未知})}{m(H_2O)_2\cdot M(\text{未知})}$$

$$M(\text{未知})=\frac{m(H_2O)_1\cdot M(\text{尿素})\cdot m(\text{未知})}{m(\text{尿素})\cdot m(H_2O)_2}$$

$$=\frac{200\ \text{g}\times 60.0\ \text{g}\cdot\text{mol}^{-1}\times 42.8\ \text{g}}{1.50\ \text{g}\times 1\,000\ \text{g}}$$

$$=342\ \text{g}\cdot\text{mol}^{-1}$$

例 1.12　摩尔质量为 $120\ \text{g}\cdot\text{mol}^{-1}$ 的弱酸 HA 3.00 g 溶于 100 g 水中，在 $p=101.3$ kPa 大气压力下测得溶液的沸点为 100.180℃。求此弱酸的离解度。

解：

根据该弱酸的质量、摩尔质量、水的质量，可算得溶液质量摩尔浓度 $b(\mathrm{HA})$：

$$b(\mathrm{HA})=\frac{n(\mathrm{HA})}{m(\mathrm{H_2O})}=\frac{3.00\ \mathrm{g}/120\ \mathrm{g\cdot mol^{-1}}}{0.100\ \mathrm{kg}}=0.250\ \mathrm{mol\cdot kg^{-1}}$$

假定弱酸 HA 离解后，此弱酸溶液遵守稀溶液的有关定律，则根据溶液的沸点升高数据，可算得溶液的质量摩尔浓度 b'：

$$b'=\frac{\Delta T_b}{K_b}=\frac{0.180\ \mathrm{K}}{0.512\ \mathrm{K\cdot kg\cdot mol^{-1}}}=0.352\ \mathrm{mol\cdot kg^{-1}}$$

$b'\neq b(\mathrm{HA})$，说明 HA 按下式部分离解

$$\mathrm{HA}=\mathrm{H^+}+\mathrm{A^-}$$

故：$\alpha=\dfrac{b'-b(\mathrm{HA})}{b(\mathrm{HA})}=40.8\%$

例 1.13 苯和甲苯混合而成的溶液可看作理想溶液，溶液中苯和甲苯均遵守拉乌尔定律，即：

$$p=p(\mathrm{C_6H_5CH_3})+p(\mathrm{C_6H_6})=$$
$$p^*(\mathrm{C_6H_5CH_3})x(\mathrm{C_6H_5CH_3})+p^*(\mathrm{C_6H_6})x(\mathrm{C_6H_6})$$

已知苯和甲苯在 298.15 K 时蒸气压分别是 9.958 kPa 和 2.973 kPa，今以等质量苯和甲苯在 298.15 K 时混合，试求：

(1)溶液的蒸气压；

(2)气相中甲苯的分压；

(3)气相中甲苯的摩尔分数。

解：

(1)设苯和甲苯的质量各为 m，根据题意有：

$m(\mathrm{C_6H_6})=m(\mathrm{C_6H_5CH_3})$，则

$$x(\mathrm{C_6H_6})=\frac{m(\mathrm{C_6H_6})/M(\mathrm{C_6H_6})}{m(\mathrm{C_6H_6})/M(\mathrm{C_6H_6})+m(\mathrm{C_6H_5CH_3})/M(\mathrm{C_6H_5CH_3})}=0.54$$

$$x(\mathrm{C_6H_5CH_3})=1-x(\mathrm{C_6H_6})=0.46$$

所以：

$$\begin{aligned}p&=p(\mathrm{C_6H_5CH_3})+p(\mathrm{C_6H_6})\\&=p^*(\mathrm{C_6H_5CH_3})x(\mathrm{C_6H_5CH_3})+p^*(\mathrm{C_6H_6})x(\mathrm{C_6H_6})\\&=9.954\ \mathrm{kPa}\times0.54+2.973\ \mathrm{kPa}\times0.46=6.745\ \mathrm{kPa}\end{aligned}$$

(2)根据拉乌尔定律,气相中甲苯的分压为:

$$p(C_6H_5CH_3)=p^*(C_6H_5CH_3)x(C_6H_5CH_3)$$
$$=2.973\ kPa\times0.46=1.368\ kPa$$

(3)由道尔顿分压定律可知,气相中甲苯的摩尔分数为:

$$x(C_6H_5CH_3)=\frac{p(C_6H_5CH_3)}{p}$$
$$=1.368\ kPa/6.745\ kPa=0.20$$

计算结果说明,与溶液相平衡的蒸气中,不易挥发组分的摩尔分数小于其在溶液中的摩尔分数。

三、自我检查

1.1　已知水的凝固点下降常数 $K_f=1.86\ K\cdot kg\cdot mol^{-1}$。若 $b(AB)=0.01\ mol\cdot kg^{-1}$ 的 AB 水溶液的凝固点是 -0.0186℃,则 AB 分子的离解度为:

A. 100%;　　B. 99%;

C. 1.0%;　　D. 0.0%。

1.2　果糖($C_6H_{12}O_6$)(Ⅰ)、葡萄糖($C_6H_{12}O_6$)(Ⅱ)、蔗糖($C_{12}H_{22}O_{11}$)(Ⅲ)三种水溶液,溶质的质量分数均为 0.01,则三种溶液渗透压大小的关系是:

A. $\Pi_Ⅰ=\Pi_Ⅱ=\Pi_Ⅲ$;　　B. $\Pi_Ⅰ=\Pi_Ⅱ>\Pi_Ⅲ$;

C. $\Pi_Ⅰ>\Pi_Ⅱ>\Pi_Ⅲ$;　　D. $\Pi_Ⅰ=\Pi_Ⅱ<\Pi_Ⅲ$。

1.3　将 0℃的冰放进 0℃的盐水中,则:

A. 冰—水平衡;　　B. 水会结冰;

C. 冰会融化;　　D. 与加入冰的量有关,因而无法判断将发生何种变化。

1.4　蔗糖($C_{12}H_{22}O_{11}$)、葡萄糖($C_6H_{12}O_6$)各 10 g,分别溶入 100 g 水中,成为 A、B 两溶液。用半透膜将两溶液隔开,则:

A. A 中水渗入 B;　　B. B 中水渗入 A;

C. 没有渗透现象;　　D. 以上情况都有可能。

1.5　氢氧化铁溶胶粒子在电场中向负极移动。不能使该溶胶聚沉的方法是:

A. 加入 K_2SO_4;　　B. 加入带正电荷的溶胶;

C. 加热;　　D. 加入带负电荷的溶胶。

1.6　测定高分子化合物摩尔质量的较好方法是:

A. 蒸气压下降法;　　B. 沸点升高法;

C. 凝固点下降法;　　D. 渗透压法。

1.7　$c(KCl)=0.0050\ mol\cdot L^{-1}$ 的氯化钾水溶液与 $c(AgNO_3)=0.0040\ mol\cdot L^{-1}$ 的硝酸银水溶液等体积混合，所得 AgCl 溶胶的胶团的结构为：

A. $[(AgCl)_m\cdot nCl^-(n-x)K^+]^{x-}\cdot xK^+$；

B. $[(AgCl)_m\cdot nAg^+(n-x)NO_3^-]^{x+}\cdot xNO_3^-$；

C. $[(AgCl)_m\cdot nNO_3^-(n-x)Ag^+]^{x-}\cdot xAg^+$；

D. $[(AgCl)_m\cdot nK^+(n-x)Cl^-]^{x+}\cdot xCl^-$。

1.8　土壤胶粒带负电荷，对它凝结能力最强的电解质是：

A. Na_2SO_4；　　B. $AlCl_3$；

C. $MgSO_4$；　　D. $K_3[Fe(CN)_6]$。

1.9　某溶胶在电渗时液体向负极移动，说明胶粒带____电。

1.10　对氢氧化铁溶胶，K_2SO_4 的凝结值 与 KCl 的凝结值相比，____较小。

1.11　江河入海口形成三角洲，原因之一是海水中 NaCl 对江水中土壤溶胶的____作用造成的。

1.12　某化合物 2.00 g 溶于 100 g 水，溶液沸点为 100.125℃。已知水的 $K_b=0.52\ K\cdot kg\cdot mol^{-1}$，求(1)该化合物的摩尔质量；(2)在 298 K 时，溶液的渗透压。

1.13　将 15.6 g 苯溶于 400 g 环已烷(C_6H_{12})中，该溶液的凝固点比纯溶剂低 10.1℃。计算环已烷的凝固点降低常数。

1.14　蔗糖($C_{12}H_{22}O_{11}$)6.84 g 溶于 50.0 g 水中，计算溶液的质量摩尔浓度及糖和水的物质的量分数。

1.15　硝基苯($C_6H_5NO_2$)和苯(C_6H_6)可无限混溶。二者凝固点分别为 5.7℃ 和 5.5℃，凝固点降低常数分别为 $8.10\ K\cdot kg\cdot mol^{-1}$ 和 $5.12\ K\cdot kg\cdot mol^{-1}$。二者按不同比例混合，可配得两种凝固点均为 0℃ 的溶液。试计算此二溶液中硝基苯的质量分数。已知 $M(C_6H_5NO_2)=123\ g\cdot mol^{-1}$，$M(C_6H_6)=78\ g\cdot mol^{-1}$。

自我检查参考答案

1.1 D　1.2 B　1.3 C　1.4 A　1.5 B　1.6 D　1.7 A　1.8 B　1.9 负

1.10 K_2SO_4　1.11 聚沉　1.12 83.3 $g\cdot mol^{-1}$，595 kPa

1.13 20.2 $K\cdot kg\cdot mol^{-1}$　1.14 0.40 $mol\cdot kg^{-1}$，7.1×10^{-3}，0.99

1.15 95%，12%

四、习题答案

1.1　(1)溶液的凝固点下降。

(2)土壤溶液浓度过大，渗透压大于植物根细胞液的渗透压。

(3)溶液的凝固点下降。

1.2 沸点不断上升,至溶液达到饱和后,沸点恒定;
蒸气凝结温度恒定,等于溶剂的沸点。

1.3

$$c(H_2O_2)=\frac{w(H_2O_2)\rho}{M(H_2O_2)}=\frac{3.0\%\times1\,000\ g\cdot L^{-1}}{34\ g\cdot mol^{-1}}=0.88\ mol\cdot L^{-1}$$

$$b(H_2O_2)=\frac{n(H_2O_2)}{m(H_2O)}=\frac{c(H_2O_2)V(H_2O_2)}{V(H_2O_2)\rho-c(H_2O_2)V(H_2O_2)M(H_2O_2)}=$$

$$\frac{c(H_2O_2)}{\rho-c(H_2O_2)M(H_2O_2)}=\frac{0.88\ mol\cdot L^{-1}}{1.0\ kg\cdot L^{-1}-0.88\ mol\cdot L^{-1}\times34\times10^{-3}\ kg\cdot mol^{-1}}=$$
$$0.91\ mol\cdot kg^{-1}$$

$$x(H_2O_2)=\frac{n(H_2O_2)}{n(H_2O)+n(H_2O_2)}=$$

$$\frac{c(H_2O_2)V(H_2O_2)}{\left[\frac{V(H_2O_2)\rho-M(H_2O_2)c(H_2O_2)V(H_2O_2)}{M(H_2O)}\right]+c(H_2O_2)V(H_2O_2)}=0.017$$

1.4 $18.4\ mol\cdot L^{-1}$, $12\ mol\cdot L^{-1}$

1.5 凝固点自高至低顺序:葡萄糖溶液、醋酸溶液、氯化钾溶液

1.6 $b=1.17\ mol\cdot kg^{-1}$

$\Delta T_b=K_b b=0.52\ K\cdot kg\cdot mol^{-1}\times1.17\ mol\cdot kg^{-1}=0.61\ K$

$T_b=373.76\ K=100.61℃$

$\Delta T_f=K_f b=1.86\ K\cdot kg\cdot mol^{-1}\times1.17\ mol\cdot kg^{-1}=2.18\ K$

$T_f=270.97\ K=-2.18℃$

1.7 $\pi=cRT=\frac{m/M}{V}RT$

$$M=\frac{mRT}{V\pi}=\frac{0.40\ g\times8.31\ kPa\cdot L\cdot mol^{-1}\cdot K^{-1}\times300\ K}{0.10\ L\times0.499\ kPa}=2.0\times10^4\ g\cdot mol^{-1}$$

1.8

$$\frac{9.5}{1}:\frac{10.2}{16}:\frac{80.3}{12}=30:2:21$$

化合物中C、H、O原子数比为21∶30∶2,化学式为$(C_{21}H_{30}O_2)_x$

$$M=\frac{K_f m_B}{\Delta T_f m_A}=\frac{5.12\ K\cdot kg\cdot mol^{-1}\times0.100\ g}{(278.66-273.15-5.18)\ K\times5.00\ g}=310\ g\cdot mol^{-1}$$

故该化合物的化学式为$C_{21}H_{30}O_2$

1.9

$$\frac{m\{(NH_2)_2CO\}/M\{(NH_2)_2CO\}}{m(H_2O)}=\frac{m_B/M_B}{m(H_2O)}$$

$\therefore M_B = 343\ g\cdot mol^{-1}$

1.10 见例 1.8

1.11 向负极运动，$\{(AgCl)_m\cdot nAg^+\cdot(n-x)NO_3^-\}^{x+}\cdot xNO_3^-$

1.12 (1)明矾的化学式为：$KAl(SO_4)_2$，将其溶于水后，解离出 Al^{3+} 发生水解，生成带正电的 $Al(OH)_3$ 胶体，可使水中带负电的胶体发生聚沉，从而起到净化水的作用。

(2)在江河入海口，海水中的 NaCl 等对江水中的土壤溶胶具有聚沉作用，造成泥沙沉积，从而形成三角洲。

1.13 A

1.14 融雪剂的成分主要是醋酸钾或含氯盐类。融雪剂和雪水混合后形成溶液，导致其溶剂水的凝固点下降，难以结冰，有利于交通出行和除雪。但醋酸钾价格较高，只是在机场、高尔夫球场等场所少量施用；在城市、高速公路中融雪应用较广的是氯盐类融雪剂，价格便宜，但它对大型公共基础设施的腐蚀比较严重。融化后的雪或冰变成液体，流入下水设施、农田等，危害极大。

1.15

$$M=\frac{K_b m_B}{\Delta T_b m_A}=\frac{1.20\ K\cdot kg\cdot mol^{-1}\times 4.57\ g}{0.127\ K\times 158.5\ g}=272\ g\cdot mol^{-1}$$

$M(HgCl_2)=272\ g\cdot mol^{-1}$，故 $HgCl_2$ 在乙醇中为非电解质

1.16

$$c(C_{12}H_{22}O_{11})=\frac{n(C_{12}H_{22}O_{11})}{V}=\frac{m(C_{12}H_{22}O_{11})}{M(C_{12}H_{22}O_{11})V}\approx$$

$$\frac{0.60\ g}{342\ g\cdot mol^{-1}\times 0.500\ L}=3.5\times 10^{-3}\ mol\cdot L^{-1}$$

$$\Pi=cRT=3.5\times 10^{-3}\ mol\cdot L^{-1}\times 8.31\ kPa\cdot L\cdot mol^{-1}\cdot K^{-1}\times 298\ K=8.7\ kPa$$

第 2 章　化学热力学基础

化学热力学主要研究化学反应热、化学反应方向和化学平衡三个问题。其中，热化学以热力学第一定律为理论基础，研究化学反应热；热力学第二、第三定律则是研究反应方向及平衡问题的理论基础。

一、内容提要

1. 热力学基础知识

热力学中，将研究的对象称为系统（或体系）。热力学系统是由大量微观粒子构成的宏观系统。系统之外与系统密切相关的周围部分称为环境。

系统的物理性质与化学性质的综合表现称为系统的状态。用来描述系统状态的宏观物理量称作系统的性质，或称为状态函数。n、T、p、V、U、H、G、S 等均为状态函数。系统状态的变化又称为过程，系统变化所经由的路线称为途径。状态函数有两个重要的性质：系统状态一定，状态函数确定；当系统发生变化，或说发生了一个过程，状态函数的变化只与过程有关而与变化所经由的途径无关。

热力学系统在变化过程中可与环境以功和热两种形式进行能量的交换。热和功总是伴随系统变化过程出现的，因此，功和热不是描述系统状态的物理量，不是状态函数。所以，系统在两个确定状态间经由不同途径发生同一变化，热、功均不一定相同。热，是系统与环境间由于有温度差而传递的能量形式，符号为 Q，SI 单位为 J。规定：系统吸热 $Q>0$；系统放热 $Q<0$。功，是除热以外，热力学系统与环境间以其他形式传递的能量形式，符号为 W，SI 单位为 J。规定：系统对环境做功 $W<0$；环境对系统做功 $W>0$。热力学中，将功分为体积功和非体积功。系统的定压体积功为：

$$W=-p_e\Delta V$$

非体积功指除体积功以外，其他形式的功（如电功、机械功等）。

2. 热力学第一定律，定容热和定压热

能量守恒原理应用于热力学系统，就称为热力学第一定律：对于与环境只有能量交换，无物质交换的封闭系统，若环境对系统作功 W，系统从环境吸热 Q，系统能量的变化必定等于功与热的代数和：

$$\Delta U = Q + W$$

定义 U 为系统的热力学能。热力学能是系统内部能量的总和,其绝对值无法测量。热力学能是系统的一个重要的状态函数。热力学能的 SI 单位为 J。

系统在定容过程中,吸收或放出的热叫作定容热。热力学第一定律可证得,在不做非体积功条件下,定容热等于系统热力学能变:

$$Q_V = \Delta U$$

系统在定压过程中,吸收或放出的热叫作定压热。热力学第一定律可证得,在不做非体积功条件下,定压热等于系统焓变:

$$Q_p = \Delta H$$

焓是系统的一个重要的状态函数,其定义为:

$$H \equiv U + pV$$

定压条件下,$\Delta H = \Delta U + p\Delta V$

系统焓的绝对值无法测量,其 SI 单位为 J。

3.热化学

(1)化学反应热

只做体积功的化学反应,当反应物温度等于产物温度时,化学反应过程所吸收或放出的热称为化学反应热。

化学反应热与反应进度有关,因此热化学中用摩尔热力学能变、摩尔焓变分别表示化学反应的定容热和定压热:

$$\Delta_r U_m = \frac{\Delta U}{\Delta \xi}$$

$$\Delta_r H_m = \frac{\Delta H}{\Delta \xi}$$

式中:$\Delta\xi$ 为反应进度,单位为 mol。$\Delta_r U_m$、$\Delta_r H_m$ 的常用单位为 $kJ \cdot mol^{-1}$。反应进度与反应式的写法有关,所以必须用热化学方程式表示化学反应定容热或定压热。如:

$$N_2(g) + 3H_2(g) = 2NH_3(g), \quad \Delta_r H_m^{\ominus}(298.15\ K) = -92.38\ kJ \cdot mol^{-1}$$

表示在 298.15 K、标准状态下,反应进度 $\Delta\xi = 1$ mol 时,即 1 mol 氮气与 3 mol 氢气完全反应,生成 2 mol 氨气时,反应的定压热等于 $-92.38\ kJ \cdot mol^{-1}$,即系统放

热 92.38 kJ。$\Delta_r H_m^{\ominus}$ 称为化学反应的标准摩尔焓变，其中 Δ 表示变化，下角标 r 表示化学反应，H 表示焓，下角标 m 表示反应进度为 1 mol，上角标⊖表示反应在标准状态下进行。

(2)盖斯定律

热力学第一定律已证明 $Q_V = \Delta U$，$Q_p = \Delta H$，而 ΔU、ΔH 只与系统的始态、终态有关，与途径无关，故化学反应若分步进行，则总反应的定压热(定容热)必然等于各分步反应定压热(定容热)的代数和。因此，热力学第一定律是盖斯定律以及热化学的理论基础。

利用物质的标准摩尔生成焓 $\Delta_f H_m^{\ominus}$ 计算化学反应的标准摩尔焓变 $\Delta_r H_m^{\ominus}$，是盖斯定律的重要应用。B 物质的标准摩尔生成焓 $\Delta_f H_m^{\ominus}$，是指在温度 T 由参考状态的元素生成 B 时的标准摩尔焓变。书写相应的化学反应方程式时，要使 B 的化学计量数 $\nu_B = +1$。所谓参考状态的元素，一般指反应条件下元素最稳定的单质。从定义可知，参考状态的元素，$\Delta_f H_m^{\ominus} = 0$。根据盖斯定律可知：

$$\Delta_r H_m^{\ominus} = \sum_B \nu_B \Delta_f H_m^{\ominus}(B)$$

4. 化学反应的自发性

(1)自发过程的趋势

不需环境对系统作非体积功就能进行的过程称为自发过程。反之，环境对系统作非体积功而进行的过程称为非自发过程。自发过程有确定的方向，其逆过程是不可能自发进行的，称为不可能的过程。

化学反应系统自发向某一方向变化，是系统能量降低($\Delta_r H_m < 0$)和混乱度增加，即熵增($\Delta_r S_m > 0$)两种因素在起推动作用。

熵是与混乱度有关的重要状态函数。热力学系统是大量微观粒子构成的。在一定条件下系统内粒子的无序程度称为混乱度。系统混乱度越高，熵越高。根据热力学第三定律，即 0 K 时，任何纯物质的完美晶体的熵都等于零，定义：将物质在定压下由 0 K 升温到 T，在无相变情况下，过程的熵变就是物质在温度 T 时的熵 S，此熵与系统内物质的量 n 的比称为该物质在温度 T 时的摩尔熵：

$$S_m = \frac{S}{n}$$

标准状态下，物质的摩尔熵称为标准摩尔熵 $S_m^{\ominus}$。物质的摩尔熵 SI 单位为 $J \cdot K^{-1} \cdot mol^{-1}$。同种物质的聚集状态不同，摩尔熵不同，规律是 $S_m(s) < S_m(l) < S_m(g)$；聚集状态相同的不同物质，分子结构复杂物质的摩尔熵大。例如 $S_m(NaCl) <$

$S_m(Na_2CO_3)$；聚集状态相同的同种物质，温度越高，摩尔熵越大。

化学反应的标准摩尔熵变可依下式计算：

$$\Delta_r S_m^\ominus = \sum_B \nu_B S_m^\ominus(B)$$

对于气体物质的量增加的反应，标准摩尔熵变肯定大于 0。

(2)吉布斯自由能与吉布斯自由能判据

判断等温、定压、不作非体积功条件下过程的自发方向，必须综合考虑焓变、熵变和温度条件。吉布斯自由能综合了以上三因素：

$$G \equiv H - TS$$

吉布斯自由能 G 是系统的重要状态函数，常用单位是 kJ。

对等温条件下发生的化学变化，摩尔吉布斯自由能变可依吉布斯-亥姆霍兹方程得出：

$$\Delta_r G_m = \Delta_r H_m - T\Delta_r S_m$$

式中：$\Delta_r G_m$ 为化学反应的摩尔吉布斯自由能变，其常用单位为 $kJ \cdot mol^{-1}$。

根据热力学第二定律可证得，等温、定压、不作非体积功条件下的自发过程，总是向吉布斯自由能减小的方向进行。对于等温、定压、不做非体积功条件下的化学反应系统，$\Delta_r G_m < 0$ 的过程自发进行；$\Delta_r G_m > 0$ 的过程不可能自发进行；$\Delta_r G_m = 0$ 的系统，反应处于平衡状态。

(3)标准状态下化学反应自发方向的判断

根据化学反应的吉布斯自由能判据，只要测定或计算出在反应温度 T 时反应的标准摩尔吉布斯自由能 $\Delta_r G_m^\ominus(T)$，就可判断出在温度 T、标准状态、等温、定压、不作非体积功条件下的化学反应向何方向自发进行或达平衡状态。

化学手册中，列出了 298.15 K(以下简写为 298 K)时物质的标准摩尔生成吉布斯自由能数据 $\Delta_f G_m^\ominus$(298 K)。物质 B 的标准摩尔生成吉布斯自由能 $\Delta_f G_m^\ominus$，是指在温度 T 由参考状态的元素生成 B 时的标准摩尔吉布斯自由能变。书写相应的化学反应方程式时，要使 B 的化学计量数 $\nu_B = +1$。所谓参考状态的元素，一般指反应条件下元素最稳定的单质。从定义可知，参考状态的元素，其 $\Delta_f G_m^\ominus = 0$。根据盖斯定律所述原理可知：

$$\Delta_r G_m^\ominus(298\ K) = \sum_B \nu_B \Delta_f G_m^\ominus(B, 298\ K)$$

在温度 T，反应的标准摩尔吉布斯自由能变可根据吉布斯-亥姆霍兹方程计算得出。因为 $\Delta_r H_m^\ominus$ 和 $\Delta_r S_m^\ominus$ 受温度影响较小，可用 298 K 时的 $\Delta_r H_m^\ominus$ 和 $\Delta_r S_m^\ominus$ 代入吉布斯-亥姆霍兹方程，计算 T 时的 $\Delta_r G_m^\ominus(T)$。

$$\Delta_r G_m^\ominus(T) \approx \Delta_r H_m^\ominus(298\ \text{K}) - T\Delta_r S_m^\ominus(298\ \text{K})$$

由吉布斯-亥姆霍兹方程可知温度对反应自发方向的影响。如标准状态下：

对于 $\Delta_r H_m^\ominus < 0$、$\Delta_r S_m^\ominus > 0$ 的反应，任何温度下，$\Delta_r G_m^\ominus(T) < 0$，反应均正向自发进行；

对于 $\Delta_r H_m^\ominus > 0$、$\Delta_r S_m^\ominus < 0$ 的反应，任何温度下，$\Delta_r G_m^\ominus(T) > 0$，反应逆向自发进行；

对于 $\Delta_r H_m^\ominus < 0$、$\Delta_r S_m^\ominus < 0$ 的反应，$T < \dfrac{\Delta_r H_m^\ominus}{\Delta_r S_m^\ominus}$ 时，即低温时正向自发；

对于 $\Delta_r H_m^\ominus > 0$、$\Delta_r S_m^\ominus > 0$ 的反应，$T > \dfrac{\Delta_r H_m^\ominus}{\Delta_r S_m^\ominus}$ 时，即高温时正向自发。

对 $\Delta_r H_m^\ominus < 0$、$\Delta_r S_m^\ominus < 0$ 的反应或 $\Delta_r H_m^\ominus > 0$、$\Delta_r S_m^\ominus > 0$ 的反应，$T = \dfrac{\Delta_r H_m^\ominus}{\Delta_r S_m^\ominus}$ 时，$\Delta_r G_m^\ominus(T) = 0$，反应在标准状态达到平衡。此温度称为反应的转变温度。物质的正常沸点、熔点、热分解温度等均可视为反应的转变温度。

(4)化学反应等温方程式，非标准状态下反应自发方向的判断

在反应温度 T，反应的 $\Delta_r G_m(T)$ 与 $\Delta_r G_m^\ominus(T)$ 及反应商之间的关系可用化学反应等温方程式来表示。

对理想气体之间的反应：

$$0 = \sum_B \nu_B \text{B(g)}$$

$$\Delta_r G_m(T) = \Delta_r G_m^\ominus(T) + RT\ln\Pi\{p_B/p^\ominus\}^{\nu_B}$$

对溶液中发生的反应：

$$0 = \sum_B \nu_B \text{B(aq)}$$

$$\Delta_r G_m(T) = \Delta_r G_m^\ominus(T) + RT\ln\Pi\{c_B/c^\ominus\}^{\nu_B}$$

式中：$\Pi\{p_B/p^\ominus\}^{\nu_B}$、$\Pi\{c_B/c^\ominus\}^{\nu_B}$ 称为反应商 Q，所以化学反应等温方程式又可表示为：

$$\Delta_r G_m(T) = \Delta_r G_m^\ominus(T) + RT\ln Q$$

$\dfrac{p_B}{p^\ominus}$称为相对压力，$\dfrac{c_B}{c^\ominus}$称为相对浓度，故反应商的单位为 1。若反应中有纯固

体或纯液体参加，热力学可证明 Q 中并不涉及它们。在稀溶液中发生的反应，若溶剂参加反应，热力学可证明 Q 中不出现溶剂浓度。若反应中同时有气体和溶液参加，则气体和溶质的状态分别用相对压力、相对浓度表示。

利用等温方程式，即可根据反应条件下的反应商、反应温度时的标准摩尔吉布斯自由能变，计算出反应的摩尔吉布斯自由能变，进而对非标准状态下反应的自发方向做出判断。

二、典型例题解析

例 2.1　某封闭系统经一变化过程，吸热 100 J，对环境做功 50 J，则系统的热力学能变 ΔU 为：

A. －150 J；　B. －50 J；　C. 50 J；　D. 150 J。

解：

$\Delta U = Q + W = 100\ \text{J} + (-50\ \text{J}) = 50\ \text{J}$。答案 C 正确。

例 2.2　一封闭系统，经历一系列变化，最终又回到初始状态，则下列关系式肯定正确的是：

A. $Q = 0$、$W = 0$、$\Delta U = 0$、$\Delta H = 0$；

B. $Q \neq 0$、$W = 0$、$\Delta U = 0$、$\Delta H = Q$；

C. $Q = -W$、$\Delta U = 0$、$\Delta H = 0$；

D. $Q \neq -W$、$\Delta U = Q + W$、$\Delta H = 0$。

解：

U 和 H 为状态函数，系统经变化又回到初始状态时，状态函数不发生变化；又，$\Delta U = Q + W$，故答案 B,D 均不正确；循环过程，Q 和 W 不可能均为 0，故答案 A 不正确。答案 C 正确。

例 2.3　对于封闭系统，下列叙述正确的为：

A. 不作非体积功条件下，Q_V 与途径无关，故 Q_V 是状态函数；

B. 不作非体积功条件下，Q_p 与途径无关，故 Q_p 是状态函数；

C. 系统发生一确定变化，不同途径中，热肯定不相等；

D. 系统发生一确定变化，则 $Q + W$ 与途径无关。

解：

热不是状态函数，故答案 A,B 均不正确；同一变化、不同途径，热不一定相等，不是肯定不相等，比如在不做非体积功条件下，Q_V、Q_p 均与途径无关，故答案 C 不正确。对于封闭系统，$\Delta U = Q + W$，U 是状态函数，其变化与途径无关，故答案 D 正确。

例 2.4　298 K 时，下列反应的 $\Delta_r G_m^\ominus$ 等于反应生成物的 $\Delta_f G_m^\ominus$ 的为：

A. $H_2(g) + Cl_2(g) = 2HCl(g)$；

B. $HCl(g) + NH_3(g) = NH_4Cl(s)$；

C. P(红磷)$+\frac{3}{2}Cl_2(g) = PCl_3(s)$；

D. 2C(石墨)$+H_2(g) = C_2H_2(g)$。

解：

根据 $\Delta_f G_m^\ominus$ 定义，答案 A，B 均不正确；红磷虽然是磷元素最稳定单质，但不是参考状态的元素(磷的参考状态的元素为白磷)，故答案 C 不正确。答案 D 正确。(请思考，C_2H_2 的 $\Delta_f G_m^\ominus$ 能用此反应测得吗？应如何测定？)

例 2.5　下列叙述错误的为：

A. 298 K 时，$\Delta_f G_m^\ominus$\{C(石墨)\}$=0$；

B. 298 K 时，$\Delta_f H_m^\ominus$\{C(石墨)\}$=0$；

C. 298 K 时，$S_m^\ominus$\{C(石墨)\} > 0；

D. T K 时，$S_m^\ominus\{C(石墨)\} = \dfrac{\Delta_f H_m^\ominus\{C(石墨)\} - \Delta_f G_m^\ominus\{C(石墨)\}}{T}$。

解：

答案 A，B，C 叙述正确。标准状态下，吉布斯方程给出温度 T 时，同一个过程的 $\Delta_r G_m^\ominus$、$\Delta_r H_m^\ominus$ 和 $\Delta_r S_m^\ominus$ 之间的定量关系。此例中，$\Delta_f G_m^\ominus$ 和 $\Delta_f H_m^\ominus$ 是过程 C(石墨)= C(石墨)的 $\Delta_r G_m^\ominus$ 和 $\Delta_r H_m^\ominus$，而 $S_m^\ominus$ 是石墨完美晶体从 0 K 变化到 T 过程中标准摩尔熵的变化，与前两个过程不相同，故答案 D 叙述错误。答案 D 正确。

例 2.6　标准状态下，自发进行的聚合反应，正确的为：

A. $\Delta_r G_m^\ominus < 0, \Delta_r H_m^\ominus < 0, \Delta_r S_m^\ominus < 0$；

B. $\Delta_r G_m^\ominus < 0, \Delta_r H_m^\ominus > 0, \Delta_r S_m^\ominus < 0$；

C. $\Delta_r G_m^\ominus < 0, \Delta_r H_m^\ominus > 0, \Delta_r S_m^\ominus > 0$；

D. $\Delta_r G_m^\ominus < 0, \Delta_r H_m^\ominus < 0, \Delta_r S_m^\ominus > 0$。

解：

聚合反应，是熵减的过程，$\Delta_r S_m^\ominus < 0$。反应自发，$\Delta_r G_m^\ominus < 0$，因此，$\Delta_r H_m^\ominus$ 必然小于 0。答案 A 正确。

例 2.7　灰锡和白锡是单质锡的两种不同晶体，标准状态下，低于 18℃时白锡自发转化为灰锡。则反应 Sn(灰)＝Sn(白)：

A. $\Delta_r H_m^\ominus < 0, \Delta_r S_m^\ominus < 0$；

B. $\Delta_r H_m^\ominus > 0, \Delta_r S_m^\ominus < 0$；

C. $\Delta_r H_m^\ominus<0,\Delta_r S_m^\ominus>0$；

D. $\Delta_r H_m^\ominus>0,\Delta_r S_m^\ominus>0$。

解：

答案 D 正确。

例 2.8 298 K,标准状态下,1.00 g 金属镁在定压条件完全燃烧生成 MgO(s),放热 24.7 kJ。则 $\Delta_f H_m^\ominus(\text{MgO,s})$等于________。已知 $M(\text{Mg})=24.3\ \text{g}\cdot\text{mol}^{-1}$

解：

$$\text{Mg(s)}+\text{O}_2\text{(g)}=\text{MgO(s)}$$

$$\Delta_r H_m=\frac{\Delta H}{\Delta\xi}=\frac{\Delta H}{\dfrac{\Delta n(\text{Mg})}{\nu(\text{Mg})}}=\frac{-24.7\ \text{kJ}}{\dfrac{-1.00\ \text{g}}{-1\times 24.3\ \text{g}\cdot\text{mol}^{-1}}}=-600\ \text{kJ}\cdot\text{mol}^{-1}$$

故：$\Delta_f H_m^\ominus(\text{MgO,s})=-600\ \text{kJ}\cdot\text{mol}^{-1}$

例 2.9 苯在正常沸点(80.1℃)气化：$C_6H_6(l)=C_6H_6(g)$，$\Delta_r H_m^\ominus=33.9\ \text{kJ}\cdot\text{mol}^{-1}$。$S_m^\ominus(C_6H_6,l)=172\ \text{J}\cdot\text{K}^{-1}\cdot\text{mol}^{-1}$，则 $S_m^\ominus(C_6H_6,g)$等于________。

解：

液体在正常沸点气化，$\Delta_r G_m^\ominus=0$。故：

$$\Delta_r S_m^\ominus=\frac{\Delta_r H_m^\ominus}{T}=\frac{33.9\ \text{kJ}\cdot\text{mol}^{-1}}{(80.1+273.15)\text{K}}=96.0\ \text{J}\cdot\text{K}^{-1}\cdot\text{mol}^{-1}$$

$$S_m^\ominus(C_6H_6,g)=S_m^\ominus(C_6H_6,l)+\Delta_r S_m^\ominus=268\ \text{J}\cdot\text{K}^{-1}\cdot\text{mol}^{-1}$$

例 2.10 已知：

(1)C(石墨) + $O_2(g)=CO_2(g)$　　$\Delta_r H_m^\ominus(1)=-393.5\ \text{kJ}\cdot\text{mol}^{-1}$

(2)2CO(g) + $O_2(g)=2CO_2(g)$　　$\Delta_r H_m^\ominus(2)=-567.0\ \text{kJ}\cdot\text{mol}^{-1}$

计算反应 (3)：C(石墨)$+\frac{1}{2}O_2(g)=CO(g)$的 $\Delta_r H_m^\ominus$。

解：

以上三反应式之间的关系为：

$(3)=(1)-\frac{1}{2}\times(2)$

故：

$$\begin{aligned}\Delta_r H_m^\ominus&=\Delta_r H_m^\ominus(1)-\frac{1}{2}\Delta_r H_m^\ominus(2)\\&=-393.5\ \text{kJ}\cdot\text{mol}^{-1}-(-283.5)\ \text{kJ}\cdot\text{mol}^{-1}\end{aligned}$$

$= -110.0\ kJ \cdot mol^{-1}$

应用盖斯定律的方法不仅能计算总反应的摩尔焓变，也可以计算总反应的摩尔熵变、摩尔吉布斯自由能变等状态函数的变化。

例 2.11　已知以下反应及有关的热力学数据，计算在 298 K、标准状态时反应的熵变和焓变，并判断反应能否自发进行。

	$2SO_2(g)$	$+\ O_2(g)$	$=\!=\!=\ 2SO_3(g)$
$S_m^\ominus/(J \cdot K^{-1} \cdot mol^{-1})$	248.1	205.03	256.6
$\Delta_f H_m^\ominus/(kJ \cdot mol^{-1})$	−296.83	0	−395.7

解：

$\Delta_r S_m^\ominus = [2 \times S_m^\ominus(SO_3)] - [2 \times S_m^\ominus(SO_2) + S_m^\ominus(O_2)]$

$= [2 \times 256.6\ J \cdot K^{-1} \cdot mol^{-1}] - [2 \times 248.1\ J \cdot K^{-1} \cdot mol^{-1} + 205.03\ J \cdot K^{-1} \cdot mol^{-1}1]$

$= -188.03\ J \cdot K^{-1} \cdot mol^{-1}$

$\Delta_r H_m^\ominus = [2 \times \Delta_f H_m^\ominus(SO_3)] - [2 \times \Delta_f H_m^\ominus(SO_2) + \Delta_f H_m^\ominus(O_2)]$

$= 2 \times (-395.7\ kJ \cdot mol^{-1}) - [2 \times (-296.83\ kJ \cdot mol^{-1}) + 0]$

$= -197.74\ kJ \cdot mol^{-1}$

$\Delta_r G_m^\ominus = \Delta_r H_m^\ominus - T\Delta_r S_m^\ominus$

$= -197.74\ kJ \cdot mol^{-1} - 298\ K \times (-0.188\ kJ \cdot K^{-1} \cdot mol^{-1})$

$= -141.71\ kJ \cdot mol^{-1} < 0$

所以该反应可以自发进行。

例 2.12　计算在 298 K、标准状态，下列反应的 $\Delta_r G_m^\ominus$ 和反应自发进行的温度。

解：查表得热力学数据如下

	$CaCO_3(s)$	$=\!=\!=\ CaO(s)$	$+\ CO_2(g)$
$\Delta_f H_m^\ominus/(kJ \cdot mol^{-1})$	−1 206.9	−635.09	−393.51
$\Delta_f G_m^\ominus/(kJ \cdot mol^{-1})$	−1 128.8	−604.04	−394.46

反应的标准自由能变为：

$\Delta_r G_m^\ominus = [(-604.04\ kJ \cdot mol^{-1}) + (-394.46\ kJ \cdot mol^{-1})] - (-1\ 128.8\ kJ \cdot mol^{-1}) = 130.3\ kJ \cdot mol^{-1}$

反应的标准焓变为：

$\Delta_r H_m^\ominus = [(-635.09\ kJ \cdot mol^{-1}) + (-393.51\ kJ \cdot mol^{-1})] - (-1\ 206.9\ kJ \cdot$

$mol^{-1}) = 178.3\ kJ \cdot mol^{-1}$

因为
$$\Delta_r G_m^{\ominus} = \Delta_r H_m^{\ominus} - T\Delta_r S_m^{\ominus}$$

所以
$$\Delta_r S_m^{\ominus} = \frac{\Delta_r H_m^{\ominus} - \Delta_r G_m^{\ominus}}{T} = \frac{178.3\ kJ \cdot mol^{-1} - 130.3\ kJ \cdot mol^{-1}}{298\ K}$$
$$= 0.16\ kJ \cdot K^{-1} \cdot mol^{-1}$$

因 $\Delta_r H_m^{\ominus} > 0$，$\Delta_r S_m^{\ominus} > 0$，所以高温自发。

则
$$T > \frac{\Delta_r H_m^{\ominus}}{\Delta_r S_m^{\ominus}} = \frac{178.3\ kJ \cdot mol^{-1}}{0.16\ kJ \cdot K^{-1} \cdot mol^{-1}} = 1\ 114.4\ K$$

因此，温度高于 1 114.4 K 时，$CaCO_3$ 才能自发分解。

三、自我检查

2.1 下列物理量，属于状态函数的为：

A. ΔH； B. G； C. Q_p； D. W。

2.2 已知 $CH_3COOH(l)$、$CO_2(g)$、$H_2O(l)$ 的标准摩尔生成焓 $\Delta_f H_m^{\ominus}/(kJ \cdot mol^{-1})$ 分别为 -484.5、-393.5、-285.8，则反应 $CH_3COOH(l) + 2O_2(g) = 2CO_2(g) + 2H_2O(l)$ 的标准摩尔焓变 $\Delta_r H_m^{\ominus}/(kJ \cdot mol^{-1})$ 等于

A. 874.1； B. -874.1； C. -194.8； D. 194.8。

2.3 已知反应 $2H_2(g) + O_2(g) \xlongequal{} 2H_2O(g)$ 的 $\Delta_r H_m^{\ominus} = -483.63\ kJ \cdot mol^{-1}$，下列叙述正确的是：

A. $\Delta_f H_m^{\ominus}(H_2O,g) = -483.63\ kJ \cdot mol^{-1}$；

B. $\Delta_r H_m^{\ominus} = -483.63\ kJ \cdot mol^{-1}$ 表示生成 1 mol $H_2O(g)$ 时系统的焓变；

C. $\Delta_r H_m^{\ominus} = -483.63\ kJ \cdot mol^{-1}$ 表示该反应 $\Delta\xi = 1$ mol 时系统的焓变；

D. $\Delta_r H_m^{\ominus} = -483.63\ kJ \cdot mol^{-1}$ 表示该反应为吸热反应。

2.4 标准状态下，下列放热反应在任何温度都能自发进行的是：

A. $2H_2(g) + O_2(g) \xlongequal{} 2H_2O(g)$；

B. $2CO(g) + O_2(g) \xlongequal{} 2CO_2(g)$；

C. $2C_4H_{10}(g) + 13O_2(g) \xlongequal{} 8CO_2(g) + 10H_2O(g)$；

D. $N_2(g) + 3H_2(g) \xlongequal{} 2NH_3(g)$。

2.5 已知 $\Delta_f G_m^{\ominus}(AgCl) = -109.8\ kJ \cdot mol^{-1}$，则反应 $2AgCl(s) \xlongequal{} 2Ag(s) + Cl_2(g)$ 的 $\Delta_r G_m^{\ominus}$ 为：

A. $109.8\ kJ \cdot mol^{-1}$； B. $219.6\ kJ \cdot mol^{-1}$；

C. $-109.8\ kJ \cdot mol^{-1}$； D. $-219.6\ kJ \cdot mol^{-1}$。

2.6　将 5 mol $N_2(g)$ 和 5 mol $H_2(g)$ 混合生成 1 mol $NH_3(g)$ 时，反应 $N_2(g)+3H_2(g)=2NH_3(g)$的反应进度等于：

A. 1 mol；　B. 2 mol；　C. 0.5 mol；　D. 4 mol。

2.7　在 298 K 时反应 $N_2(g)+3H_2(g)=2NH_3(g)$，$\Delta_r H_m^{\ominus}<0$，则标准状态下该反应：

A. 任何温度下均自发进行；　B. 任何温度下均不能自发进行；

C. 高温自发；　D. 低温自发。

2.8　一化学反应系统在等温定容条件下发生一变化，可通过两个不同途径完成：(1)放热 10 kJ，做电功 50 kJ；(2)放热 Q，不做功。则：

A. $Q=-10$ kJ；　B. $Q=-60$ kJ；

C. $Q=-40$ kJ；　D. 此反应的 $Q_V=-10$ kJ。

2.9　298 K，反应 $A(s)+B(g)=C(g)$，$\Delta_r H_m^{\ominus}=-41.8\ kJ\cdot mol^{-1}$，B、C 都是理想气体。反应在 298 K、标准状态下按以下途径进行：体系做了最大功，放热 $1.67\ kJ\cdot mol^{-1}$。则此过程的 $Q=$________，$W=$________，$\Delta_r U_m^{\ominus}=$________，$\Delta_r S_m^{\ominus}=$________，$\Delta_r G_m^{\ominus}=$________。

2.10　298 K 时，$OsO_4(s)$的 $\Delta_f H_m^{\ominus}=-391\ kJ\cdot mol^{-1}$，$OsO_4(s)$的标准摩尔升华焓为 $56\ kJ\cdot mol^{-1}$。则反应 $OsO_4(g)=Os(s)+2O_2(g)$的 $\Delta_r H_m^{\ominus}(298\ K)$等于________。

2.11　298 K 时，$N_2(g)+O_2(g)=2NO(g)$　　$\Delta_r G_m^{\ominus}(1)$

$N_2(g)+3H_2(g)=2NH_3(g)$　　$\Delta_r G_m^{\ominus}(2)$

$2H_2(g)+O_2(g)=2H_2O(g)$　　$\Delta_r G_m^{\ominus}(3)$

则 $4NH_3(g)+5O_2(g)=4NO(g)+6H_2O(g)$　　$\Delta_r G_m^{\ominus}$为：________。

2.12　随温度升高，反应(1)：$2M(s)+O_2(g)=2MO(s)$和反应(2)：$2C(s)+O_2(g)=2CO(g)$的摩尔吉布斯自由能升高的为________，降低的为________，因此，金属氧化物 MO 被碳还原反应 $MO(s)+C(s)=M(s)+CO(g)$在高温条件下________向自发。

2.13　已知下列反应在 298 K 时的标准摩尔焓变：

(1)$2C_2H_2(g)+5O_2(g)=4CO_2(g)+2H_2O(g)$，$\Delta_r H_m^{\ominus}=-2\ 512\ kJ\cdot mol^{-1}$

(2)$2H_2(g)+O_2(g)=2H_2O(l)$，　$\Delta_r H_m^{\ominus}=-572\ kJ\cdot mol^{-1}$

(3)C(石墨)$+O_2(g)=CO_2(g)$，　$\Delta_r H_m^{\ominus}=-394\ kJ\cdot mol^{-1}$

(4)$H_2O(g)=H_2O(l)$，　$\Delta_r H_m^{\ominus}=-44\ kJ\cdot mol^{-1}$

根据以上数据，计算 $\Delta_f H_m^{\ominus}(C_2H_2, g, 298\ K)$。

2.14 已知 $2NO(g) + O_2(g) \xlongequal{} 2NO_2(g)$

	$2NO(g)$	$O_2(g)$	$2NO_2(g)$
$\Delta_f G_m^{\ominus}/(kJ \cdot mol^{-1})$	86.57		51.30

计算 298 K 时，上述反应的 $\Delta_r G_m^{\ominus}$，并说明 NO_2 气体的稳定性。

2.15 298 K 时，生物合成天冬酰胺的 $\Delta_r G_m^{\ominus} = -19.25\ kJ \cdot mol^{-1}$，反应式为：

天冬氨酸 + NH_4^+ + ATP = 天冬酰胺 + AMP + PPi(无机焦磷酸盐)

已知该反应分四步完成：

1. 天冬氨酸 + ATP = β-天冬酰胺腺苷酸 + PPi
2. β-天冬酰胺腺苷酸 + NH_4^+ = 天冬酰胺 + AMP
3. β-天冬酰胺腺苷酸 + H_2O = 天冬氨酸 + AMP
4. ATP + H_2O = AMP + PPi

反应 3、4 的 $\Delta_r G_m^{\ominus}$ 分别为 $-41.84\ kJ \cdot mol^{-1}$ 和 $-33.47\ kJ \cdot mol^{-1}$。计算反应 2 的 $\Delta_r G_m^{\ominus}$。

2.16 计算 $CaSO_4$ 的热分解温度。

	$CaSO_4(s)$	$\xlongequal{}$	$CaO(s)$	+	$SO_3(g)$
$\Delta_f H_m^{\ominus}/(kJ \cdot mol^{-1})$	−1 434.1		−635.09		−395.7
$S_m^{\ominus}/(J \cdot K^{-1} \cdot mol^{-1})$	107		39.75		256.6

2.17 根据下列 298 K 下的数据，求标准状态下反应自发进行的温度。

	C(石墨)	+	$H_2O(g)$	$\xlongequal{}$	$CO(g)$	+	$H_2(g)$
$S_m^{\ominus}/(J \cdot K^{-1} \cdot mol^{-1})$	5.74		188.72		197.56		130.57
$\Delta_f G_m^{\ominus}/(kJ \cdot mol^{-1})$			−228.59		−137.15		

2.18 制备高纯镍的方法是：将粗镍在 323 K 与 CO 反应：

$$Ni(s) + 4CO(g) = Ni(CO)_4(l)$$

已知反应的 $\Delta_r H_m^{\ominus} = -161\ kJ \cdot mol^{-1}$，$\Delta_r S_m^{\ominus} = -420\ J \cdot mol^{-1} \cdot K^{-1}$。生成的 $Ni(CO)_4$ 经提纯后，在约 473 K 时加热分解，得到纯镍。试说明此方法的热力学原理。

2.19 据报道，美国化学家研究出一种催化剂，用它在常温常压下可用水与氮气制得氨。可能是下列反应吗？为什么？

$$N_2(g)+3H_2O(l)\rightarrow 2NH_3(g)+\frac{3}{2}O_2(g)$$

{已知:298.15 K 时,$H_2O(l)$、$NH_3(g)$的 $\Delta_f G_m^\ominus$ 分别为$-237.2\ kJ\cdot mol^{-1}$ 和$-16.5\ kJ\cdot mol^{-1}$}

2.20　已知葡萄糖的 $\Delta_f G_m^\ominus(298\ K)$是 $902.9\ kJ\cdot mol^{-1}$,计算下述光合作用反应的 $\Delta_r G_m^\ominus(298\ K)$,并判断这个反应能否自发进行:

$$6CO_2(g)+6H_2O(l)=\!=\!=C_6H_{12}O_6(g)+6O_2(g)$$

自我检查参考答案

2.1 B　2.2 B　2.3 C　2.4 C　2.5 B　2.6 C　2.7 D　2.8 B

2.9 $Q=-1.67\ kJ\cdot mol^{-1}$,$W=-40.13\ kJ\cdot mol^{-1}$,$\Delta_r U_m^\ominus=-41.8\ kJ\cdot mol^{-1}$,$\Delta_r H_m^\ominus=-41.8\ kJ\cdot mol^{-1}$,$\Delta_r S_m^\ominus=-5.6\ J\cdot K^{-1}\cdot mol^{-1}$,$\Delta_r G_m^\ominus=-40.13\ kJ\cdot mol^{-1}$

2.10 $335\ kJ\cdot mol^{-1}$

2.11 $2\Delta_r G_m^\ominus(1)+3\Delta_r G_m^\ominus(3)-2\Delta_r G_m^\ominus(2)$

2.12 (1);　(2);　正

2.13 $226\ kJ\cdot mol^{-1}$

2.14 $-70.54\ kJ\cdot mol^{-1}$;NO_2 气体稳定

2.15 $-27.62\ kJ\cdot mol^{-1}$

2.16 $T=2\ 130\ K$

2.17 $T>982\ K$

2.18 根据 $\Delta_r G_m^\ominus=\Delta_r H_m^\ominus-T\Delta_r S_m^\ominus$,反应的转换温度为

$$T=\frac{\Delta_r H_m^\ominus}{\Delta_r S_m^\ominus}=\frac{-161\ kJ\cdot mol^{-1}}{-420\times10^{-3}\ kJ\cdot mol^{-1}\cdot K^{-1}}=383\ K$$

当 $T<383\ K$ 时,$\Delta_r G_m^\ominus<0$,反应正向自发进行;

当 $T>383\ K$ 时,$\Delta_r G_m^\ominus>0$,反应逆向自发进行。

则粗镍在 323 K 与 CO 反应能生成 $Ni(CO)_4$,$Ni(CO)_4$ 为液态,很容易与反应物分离。$Ni(CO)_4$ 在 473 K 分解得到高纯镍。因此,上述制高纯镍的方法是合理的。

2.19 $\Delta_r G_m^\ominus>0$,反应不能正向自发进行。

因为催化剂只能改变反应速率,不能改变反应方向,故不可能是此反应。

2.20 $\Delta_r G_m^\ominus(298\ K)=4\ 692.14\ kJ\cdot mol^{-1}$,不可能正向自发。

四、习题答案

2.1

$$H_2O(g)=H_2O(l)$$

$$\Delta n(H_2O,g)=\frac{-450\ g}{18.0\ g\cdot mol^{-1}}=-25.0\ mol$$

忽略液态水的体积：

$W=-p\Delta V=-\Delta nRT=25.0\ mol\times 0.008\ 31\ kJ\cdot mol^{-1}\cdot K^{-1}\times 373\ K=77.5\ kJ$

$\Delta H=Q_p=Q=-2.26\ kJ\cdot g^{-1}\times 450\ g=-1\ 017\ kJ$

$\Delta U=W+Q=-939.5\ kJ$

2.2

$\frac{1}{4}$[反应式(1)－反应式(2)]得：

$$\frac{1}{2}N_2(g)+\frac{1}{2}O_2(g)=NO(g)$$

$$\therefore\ \Delta_f H_m^{\ominus}(NO,g)=\frac{1}{4}\ \{\Delta_r H_m^{\ominus}(1)\ -\Delta_r H_m^{\ominus}(2)\}$$

$$=\frac{1}{4}[-1\ 170\ kJ\cdot mol^{-1}-(-1\ 530\ kJ\cdot mol^{-1})]$$

$$=90\ kJ\cdot mol^{-1}$$

2.3

$\frac{1}{4}$[反应式(3)－反应式(4)＋3×反应式(2)－反应式(1)]得：

$N_2(g)+2H_2(g)=N_2H_4(l)$ ………………… (5)

$\Delta_f H_m^{\ominus}(N_2H_4,l)=(1/4)\{\Delta_r H_m^{\ominus}(3)-\Delta_r H_m^{\ominus}(4)+3\times\Delta_r H_m^{\ominus}(2)-\Delta_r H_m^{\ominus}(1)\}=$

$\frac{1}{4}\{-143\ kJ\cdot mol^{-1}-(-286\ kJ\cdot mol^{-1})+3\times(-317\ kJ\cdot mol^{-1})-$

$(-1\ 010\ kJ\cdot mol^{-1})\}=50.5\ kJ\cdot mol^{-1}$

2×反应式(4)－反应式(5)得：

$$N_2H_4(l)+O_2(g)=N_2(g)+2H_2O(l)$$

$\Delta_r H_m^\ominus=2\times\Delta_r H_m^\ominus(4)-\Delta_r H_m^\ominus(5)=2\times(-286\ \text{kJ}\cdot\text{mol}^{-1})-50.5\ \text{kJ}\cdot\text{mol}^{-1}$

$=-622.5\ \text{kJ}\cdot\text{mol}^{-1}$

2.4

$\Delta_r H_m^\ominus=2\Delta_f H_m^\ominus(CO_2,g)+3\Delta_f H_m^\ominus(H_2O,l)+(-1)\times\Delta_f H_m^\ominus(CH_3OCH_3,l)$

$+(-3)\Delta_f H_m^\ominus(O_2,g)$

$\Delta_f H_m^\ominus(CH_3OCH_3,l)=2\Delta_f H_m^\ominus(CO_2,g)+3\Delta_f H_m^\ominus(H_2O,l)-\Delta_r H_m^\ominus$

$=-183\ \text{kJ}\cdot\text{mol}^{-1}$

2.5

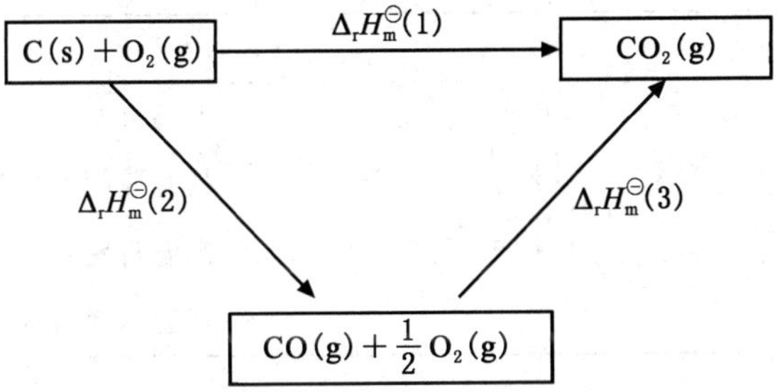

由题意知，$\Delta_r H_m^\ominus(1)<0$，$\Delta_r H_m^\ominus(2)<0$，$\Delta_r H_m^\ominus(3)<0$

∵ $\Delta_r H_m^\ominus(1)=\Delta_r H_m^\ominus(2)+\Delta_r H_m^\ominus(3)$

$\Delta_r H_m^\ominus(1)-\Delta_r H_m^\ominus(3)=\Delta_r H_m^\ominus(2)<0$

即以炭直接作燃料时放热较多。

2.6

$C(s)+H_2O(g)=CO(g)+H_2(g)$

$\Delta_r H_m^\ominus=\Delta_f H_m^\ominus(CO,g)+(-1)\Delta_f H_m^\ominus(H_2O,g)$

$=-110.5\ \text{kJ}\cdot\text{mol}^{-1}-(-241.8\ \text{kJ}\cdot\text{mol}^{-1})$

$=131.3\ \text{kJ}\cdot\text{mol}^{-1}$

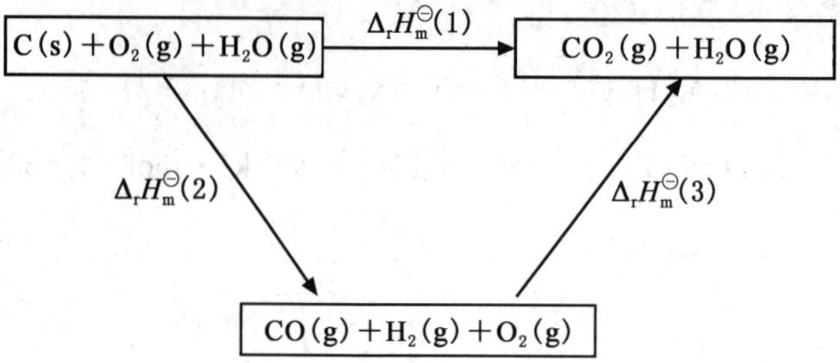

$\because \Delta_r H_m^\ominus(1) = \Delta_r H_m^\ominus(2) + \Delta_r H_m^\ominus(3)$

$\therefore \Delta_r H_m^\ominus(1) - \Delta_r H_m^\ominus(3) = \Delta_r H_m^\ominus(2) > 0$

由题意知，$\Delta_r H_m^\ominus(1) < 0$，$\Delta_r H_m^\ominus(3) < 0$

故：以水煤气作燃料时放热较多。

2.7

标准状态下：

$\Delta_r H_m^\ominus$	$\Delta_r S_m^\ominus$	
<0	<0	低温自发
<0	>0	任意温度均自发
>0	>0	高温自发
>0	<0	任意温度均不可能自发

2.8　均为熵增

2.9　(2)

2.10

(1) $\Delta_r H_m^\ominus(298\ \text{K}) = \sum_B \nu_B \Delta_f H_m^\ominus(B)(298\ \text{K}) = 180.74\ \text{kJ}\cdot\text{mol}^{-1}$

$\Delta_r S_m^\ominus(298\ \text{K}) = \sum_B \nu_B S_m^\ominus(298\ \text{K}) = 215.8\ \text{J}\cdot\text{K}^{-1}\cdot\text{mol}^{-1}$

$\Delta_r G_m^\ominus = \Delta_r H_m^\ominus - T\Delta_r S_m^\ominus = 116.4\ \text{kJ}\cdot\text{mol}^{-1}$

$\Delta_r G_m^\ominus > 0$，在 298 K、标准状态下不可能自发。

(2) $T = \dfrac{\Delta_r H_m^\ominus(298\ \text{K})}{\Delta_r S_m^\ominus(298\ \text{K})} = 837.5\ \text{K}$

因反应为吸热、熵增，故 $T > 837.5$ K 时反应自发。

2.11

Sn(白锡)= Sn(灰锡)

$\Delta_r H_m^\ominus(298\ K)=\Delta_f H_m^\ominus$(灰锡)$+(-1)\times\Delta_f H_m^\ominus$(白锡)$=-2.1\ kJ\cdot mol^{-1}<0$

$\Delta_r S_m^\ominus(298\ K)=S_m^\ominus$(灰锡)$-S_m^\ominus$(白锡)$=-7.41\ J\cdot K^{-1}\cdot mol^{-1}<0$

∴ 反应在标准状态,低温自发。在转变温度,$\Delta_r G_m^\ominus(T)=0$

∵ $\Delta_r G_m^\ominus(T)\approx\Delta_r H_m^\ominus(298\ K)-T\Delta_r S_m^\ominus(298\ K)$

$$T\approx\frac{\Delta_r H_m^\ominus(298\ K)}{\Delta_r S_m^\ominus(298\ K)}\approx 283\ K$$

2.12

$2Fe_2O_3(s)+3C(s)=4Fe(s)+3CO_2(g)$

$\Delta_r H_m^\ominus(298\ K)=3\Delta_f H_m^\ominus(CO_2,g)+(-2)\times\Delta_f H_m^\ominus(Fe_2O_3,s)$

$=467.87\ kJ\cdot mol^{-1}$

$\Delta_r S_m^\ominus(298\ K)=4\times S_m^\ominus(Fe,s)+3S_m^\ominus(CO_2,g)+(-2)\times S_m^\ominus(Fe_2O_3,s)+$

$(-3)\times S_m^\ominus(C,s)=557.98\ J\cdot K^{-1}\cdot mol^{-1}$

反应在标准状态下自发进行:

$\Delta_r G_m^\ominus(T)\approx\Delta_r H_m^\ominus(298\ K)-T\Delta_r S_m^\ominus(298\ K)$

$$T>\frac{\Delta_r H_m^\ominus(298\ K)}{\Delta_r S_m^\ominus(298\ K)}$$,即 $T>839\ K$

以木炭为燃料时,因最高温度低于 839 K,故反应不可能自发。

$2CuO(s)+C(s)=2Cu(s)+CO_2(g)$

$\Delta_r H_m^\ominus(298\ K)=-79.51\ kJ\cdot mol^{-1}<0$

$\Delta_r S_m^\ominus(298\ K)=189\ J\cdot K^{-1}\cdot mol^{-1}>0$

∴ 反应在标准状态, 任意温度均自发

2.13

$2Al_2O_3(s)+3C(s)=4Al(s)+3CO_2(g)$

$\Delta_r H_m^\ominus(298\ K)=2\ 171.47\ kJ\cdot mol^{-1}>0$

$\Delta_r S_m^\ominus(298\ K)=635.06\ J\cdot K^{-1}\cdot mol^{-1}>0$

$$T>\frac{\Delta_r H_m^\ominus(298\ K)}{\Delta_r S_m^\ominus(298\ K)}$$,即 $T>3\ 419\ K$

$Al_2O_3(s)+3CO(g)=2Al(s)+3CO_2(g)$

$\Delta_r H_m^\ominus(298\ K)=827.03\ kJ\cdot mol^{-1}>0$

$\Delta_r S_m^\ominus(298\ K)=53.86\ J\cdot K^{-1}\cdot mol^{-1}>0$

$T > \dfrac{\Delta_r H_m^\ominus(298\ K)}{\Delta_r S_m^\ominus(298\ K)}$,即 $T > 15\ 355\ K$

$Al_2O_3(s) + 3C(s) = 2Al(s) + 3CO(g)$

$\Delta_r H_m^\ominus(298\ K) = 1\ 344.44\ kJ \cdot mol^{-1} > 0$

$\Delta_r S_m^\ominus(298\ K) = 581.2\ J \cdot K^{-1} \cdot mol^{-1} > 0$

$T > \dfrac{\Delta_r H_m^\ominus(298\ K)}{\Delta_r S_m^\ominus(298\ K)}$,即 $T > 2\ 313\ K$

因所需温度较高,故工业上不用碳或一氧化碳作还原剂来冶炼铝。

2.14

$2AsH_3(g) = 2As(s) + 3H_2(g)$

$\Delta_r H_m^\ominus(298\ K) = -132.8\ kJ \cdot mol^{-1} < 0$

$\Delta_r S_m^\ominus(298\ K) = 15.71\ J \cdot K^{-1} \cdot mol^{-1} > 0$

∴ 标准状态,任意温度下 AsH_3 的分解反应均自发,

加热的目的是加快反应速率。

2.15

$$\begin{aligned}\Delta_r H_m^\ominus &= 12\Delta_f H_m^\ominus(CO_2,g) + 14\Delta_f H_m^\ominus(H_2O,l) - 2\Delta_f H_m^\ominus(C_6H_{14},l) \\ &\quad -8\ 326\ kJ \cdot mol^{-1} \\ &= 12\times(-393.5\ kJ \cdot mol^{-1}) + 14\times(-285.8\ kJ \cdot mol^{-1}) \\ &\quad -2\Delta_f H_m^\ominus(C_6H_{14},l)\end{aligned}$$

$\Delta_f H_m^\ominus(C_6H_{14},l) = -198.5\ kJ \cdot mol^{-1}$

第3章　化学平衡原理

本章内容，是学习酸碱反应、沉淀反应、氧化还原反应、配位反应以及学习化学分析的理论基础。

一、内容提要

1.化学平衡状态

根据化学动力学原理，化学平衡状态是化学反应系统正、逆反应速率相等时所处的状态。

根据化学热力学原理，化学平衡状态是反应的摩尔吉布斯自由能 $\Delta_r G_m$ 等于0时化学反应系统所处的状态。达到化学平衡的系统，反应宏观停止。化学平衡状态，是一定条件下反应所能达到的最大限度的状态。

2.标准平衡常数

自发进行的反应，进行到 $\Delta_r G_m=0$ 时反应达到平衡，定义此时反应商 Q^{eq} 为反应在一定温度条件下的标准平衡常数 $K^{\ominus}$。根据化学反应等温方程式，得：

$$0=\Delta_r G_m^{\ominus}(T)+RT\ln K^{\ominus}$$

由此得到 $K^{\ominus}$ 与 $\Delta_r G_m^{\ominus}$ 的关系：

$$\Delta_r G_m^{\ominus}(T)=-RT\ln K^{\ominus}$$

$K^{\ominus}$ 的单位为1。$K^{\ominus}$ 是平衡时的反应商，故书写平衡常数表达式时，固体、纯液体及稀薄溶液中的溶剂在其中均不出现。标准平衡常数以及标准平衡常数表达式与反应方程式的写法有关，如正、逆反应的标准平衡常数互为倒数；若反应式各物种化学计量数变为原来的 n 倍，则 $K^{\ominus\prime}=(K^{\ominus})^n$。

标准平衡常数 $K^{\ominus}$ 只与反应温度有关，而与浓度或压力无关。$K^{\ominus}$ 的大小表示了反应完成趋势的高低，$K^{\ominus}$ 越大，反应进行彻底的趋势越高，$K^{\ominus}$ 越小，反应进行彻底的趋势越低。

3.多重平衡原理

多重平衡系统中，同时参加多个平衡的物种，浓度或压力只有一个，其同时满足所参加的多个平衡关系；若总反应是几个分反应的加和，则总反应的标准平衡常数等于各分反应标准平衡常数的乘积。

4.非标准状态下反应自发方向的判断

由化学反应等温方程式及反应的标准平衡常数定义，可知：

$$\Delta_r G_m(T) = \Delta_r G_m^{\ominus}(T) + RT\ln Q = -RT\ln K^{\ominus} + RT\ln Q = RT\ln(Q/K^{\ominus})$$

所以，根据反应的标准平衡常数与反应商大小的比较，即可简单地对反应达到平衡与否，即非标准状态下的自发方向作出判断：

若 $Q > K^{\ominus}$，则反应的 $\Delta_r G_m(T) > 0$，反应逆向自发进行；

若 $Q < K^{\ominus}$，则反应的 $\Delta_r G_m(T) < 0$，反应正向自发进行；

若 $Q = K^{\ominus}$，则反应的 $\Delta_r G_m(T) = 0$，反应处平衡状态。

5.化学平衡的移动

化学平衡是反应在一定条件下达到的动态平衡。一旦条件改变，使得 Q 与 $K^{\ominus}$ 不再相等，则反应必或正向、或逆向自发进行，直至在新的条件下又达到另一平衡状态。此即所谓化学平衡的移动。

凡可使 Q 与 $K^{\ominus}$ 不再相等的操作，均引起化学平衡的移动。

在保持温度恒定条件下，$K^{\ominus}$ 恒定。若增大反应物浓度或减小生成物浓度，Q 减小，平衡正向移动。对反应 A+B=C 而言，增大 A 的浓度，将使得 B 的转化率提高。或减小 C 的浓度，将使得 A、B 的转化率均提高，即使反应完成程度提高；反之，平衡逆向移动，使反应完成程度降低。

在保持温度恒定条件下，$K^{\ominus}$ 恒定。对有气体参加的反应，若增加体系总压力，对于气体物质的量减小的反应，Q 减小，平衡正向移动；对于气体物质的量增加的反应，Q 增大，平衡逆向移动；对气体物质的量不变的反应，Q 不变，平衡不能被破坏。向恒定容积的反应系统加入惰性气体，各气体分压不变，故 Q 不变，平衡不移动。向恒定总压的反应系统加入惰性气体，对于气体物质的量减小的反应，Q 增大，平衡逆向移动；对于气体物质的量增加的反应，Q 减小，平衡正向移动；对气体物质的量不变的反应，Q 不变，平衡不能被破坏。

在保持浓度、压力恒定条件下，Q 恒定。温度变化，将引起 $K^{\ominus}$ 的变化。

根据热力学原理，可得 $K^{\ominus}$ 与 T 的关系式（范特霍夫方程）如下：

$$\ln K^{\ominus} = \frac{-\Delta_r H_m^{\ominus}}{RT} + \frac{\Delta_r S_m^{\ominus}}{R}$$

忽略温度对 $\Delta_r H_m^{\ominus}$、$\Delta_r S_m^{\ominus}$ 的影响，可近似得到不同温度下标准平衡常数间的关系：

$$\ln \frac{K_2^{\ominus}}{K_1^{\ominus}} = \frac{-\Delta_r H_m^{\ominus}}{R}\left(\frac{1}{T_2} - \frac{1}{T_1}\right)$$

根据范特霍夫方程可知：对放热反应，$\Delta_r H_m^{\ominus}<0$，升温使得 $K^{\ominus}$ 降低，平衡逆向移动；对吸热反应，$\Delta_r H_m^{\ominus}>0$，升温使得 $K^{\ominus}$ 升高，平衡正向移动。

催化剂不影响反应的 $\Delta_r G_m$ 和 $\Delta_r G_m^{\ominus}$，对反应的自发方向、化学平衡的移动均无影响。

二、典型例题解析

例 3.1　下列叙述正确的为：

A. 化学平衡状态是正逆反应都停止的状态；

B. 反应 $N_2(g)+O_2(g)=\!=\!=2NO(g)$ 和 $\frac{1}{2}N_2(g)+\frac{1}{2}O_2(g)=\!=\!=NO(g)$ 代表同一反应，所以标准平衡平衡常数相等；

C. 反应 $C(s)+CO_2(g)=\!=\!=2CO(g)$，一定温度下达到平衡后，降低压力，正、逆反应速率都减慢，但平衡向右移动；

D. 多步反应的总平衡常数为各步反应平衡常数之和。

解：

化学平衡是动态平衡，达到平衡的化学反应正、逆反应速率相等，反应宏观停止。故答案 A 不正确；平衡常数与反应式书写方式有关，故答案 B 不正确；总反应的标准平衡常数等于分反应平衡常数的乘积，故答案 D 不正确。答案 C 正确。

例 3.2　对于可逆反应 $C(s)+H_2O(g)=\!=\!=CO(g)+H_2(g)$，$\Delta_r H_m^{\ominus}>0$。下列说法正确的是：

A. 达到平衡时，$p(H_2O)=p(CO)=p(H_2)$，即反应物与生成物压力相等；

B. 达到平衡后，$p(H_2O)$、$p(CO)$、$p(H_2)$ 不再改变；

C. 由于反应前后分子数目相等，所以增加压力对平衡没有影响；

D. 升高温度，平衡逆向移动。

解：

达到平衡时各物质的浓度（压力）不随时间的改变而改变，并不是各物质浓度（压力）相等。故答案 A 不正确，答案 B 正确。对气体物质的量增加的反应，增大压力，平衡逆向移动，故答案 C 不正确。对 $\Delta_r H_m^{\ominus}>0$ 的反应，升高温度，平衡正向移动，故答案 D 不正确。

例 3.3　反应 $Fe(s)+2H^+(aq)=Fe^{2+}(aq)+H_2(g)$ 的标准平衡常数表达式为：

A. $K^{\ominus}=\dfrac{\{c(Fe^{2+})/c^{\ominus}\}\{c(H_2)/c^{\ominus}\}}{\{c(Fe)/c^{\ominus}\}\{c(H^+)/c^{\ominus}\}^2}$；

B. $K^{\ominus}=\dfrac{c(Fe^{2+})p(H_2)}{c(H^+)}$；

C. $K^{\ominus}=\dfrac{\{c(Fe^{2+})/c^{\ominus}\}\{p(H_2)/p^{\ominus}\}}{\{c(H^+)/c^{\ominus}\}}$；

D. $K^{\ominus}=\dfrac{\{c(Fe^{2+})/c^{\ominus}\}\{p(H_2)/p^{\ominus}\}}{\{c(H^+)/c^{\ominus}\}^2}$。

解：

标准平衡常数表达式，是平衡状态时的反应商，故固体不在其中出现，溶质和气体分别以其相对浓度、相对压力表示其状态，幂等于反应式中该物种的化学计量数，故答案 A，B，C 均不正确。答案 D 正确。

例 3.4 相同的温度变化，使得下列 4 个反应的 $\Delta_r G_m^{\ominus}$、$K^{\ominus}$ 变化均为最大的是：

A. $\Delta_r S_m^{\ominus}=-30\ \text{J}\cdot\text{K}^{-1}\cdot\text{mol}^{-1}$、$\Delta_r H_m^{\ominus}=-100\ \text{kJ}\cdot\text{mol}^{-1}$；

B. $\Delta_r S_m^{\ominus}=3\ \text{J}\cdot\text{K}^{-1}\cdot\text{mol}^{-1}$、$\Delta_r H_m^{\ominus}=50\ \text{kJ}\cdot\text{mol}^{-1}$；

C. $\Delta_r S_m^{\ominus}=-30\ \text{J}\cdot\text{K}^{-1}\cdot\text{mol}^{-1}$、$\Delta_r H_m^{\ominus}=50\ \text{kJ}\cdot\text{mol}^{-1}$；

D. $\Delta_r S_m^{\ominus}=3\ \text{J}\cdot\text{K}^{-1}\cdot\text{mol}^{-1}$、$\Delta_r H_m^{\ominus}=-100\ \text{kJ}\cdot\text{mol}^{-1}$。

解：

根据吉布斯方程 $\Delta_r G_m^{\ominus}=\Delta_r H_m^{\ominus}-T\Delta_r S_m^{\ominus}$ 可知，温度对 $\Delta_r S_m^{\ominus}$ 的绝对值较大的反应的 $\Delta_r G_m^{\ominus}$ 影响较大；根据范特霍夫方程 $\ln K^{\ominus}=\dfrac{-\Delta_r H_m^{\ominus}}{RT}+\dfrac{\Delta_r S_m^{\ominus}}{R}$ 可知，相同的温度变化对 $\Delta_r H_m^{\ominus}$ 的绝对值较大的反应影响较大。故答案 A 正确。

例 3.5 已知下列反应在指定温度的 $\Delta_r G_m^{\ominus}$ 和 $K^{\ominus}$：

(1) $N_2(g)+\frac{1}{2}O_2(g)=N_2O(g)$，$\Delta_r G_m^{\ominus}(1)$，$K^{\ominus}(1)$；

(2) $N_2O_4(g)=2NO_2(g)$，$\Delta_r G_m^{\ominus}(2)$，$K^{\ominus}(2)$；

(3) $\frac{1}{2}N_2(g)+O_2(g)=NO_2(g)$，$\Delta_r G_m^{\ominus}(3)$，$K^{\ominus}(3)$；

则反应 $2N_2O(g)+3O_2(g)=2N_2O_4(g)$ 的 $\Delta_r G_m^{\ominus}=$________，$K^{\ominus}=$________。

解：

4×(3)－2×(1)－2×(2)可得总反应式，故：

$\Delta_r G_m^{\ominus}=4\Delta_r G_m^{\ominus}(3)-2\Delta_r G_m^{\ominus}(1)-2\Delta_r G_m^{\ominus}(2)$

$$K^{\ominus}=\frac{[K^{\ominus}(3)]^4}{[K^{\ominus}(1)]^2[K^{\ominus}(2)]^2}$$

例 3.6　298 K 时，反应 $CO(g)+H_2O(g)$ ══ $CO_2(g)+H_2(g)$ 的 $\Delta_r G_m^{\ominus}=-8.62\ kJ\cdot mol^{-1}$，$K^{\ominus}=$________。

解：

$$\Delta_r G_m^{\ominus}=-RT\ln K^{\ominus}$$

$$\ln K^{\ominus}=\frac{-\Delta_r G_m^{\ominus}}{RT}=\frac{8.62\ kJ\cdot mol^{-1}}{0.008\ 3\ kJ\cdot mol^{-1}\cdot k^{-1}\times 298\ K}=3.48$$

$$K^{\ominus}=32.4$$

例 3.7　已知 $\Delta_f H_m^{\ominus}(NO,g)=90.25\ kJ\cdot mol^{-1}$，在 2 273 K 时，反应 $N_2(g)+O_2(g)=2NO(g)$ 的 $K^{\ominus}=0.100$。在 2 273 K 时，若 $p(N_2)=p(O_2)=10\ kPa$，$p(NO)=20\ kPa$，反应商 $Q=$________，反应向________方向自发；在 2 000 K 时，若 $p(NO)=p(N_2)=10\ kPa$，$p(O_2)=100\ kPa$，反应商 $Q=$________，反应________。

解：

$$Q=\frac{\{p(NO)/p^{\ominus}\}^2}{\{p(N_2)/p^{\ominus}\}\{p(O_2)/p^{\ominus}\}}=\frac{0.20^2}{0.10^2}=4.0;$$

$Q>K^{\ominus}$，逆向自发；

因为 $\Delta_f H_m^{\ominus}(NO,g)=90.25\ kJ\cdot mol^{-1}$，反应吸热，2 000 K 时 $K^{\ominus}<0.100$，此时 $Q=0.100$，$Q>K^{\ominus}$，反应逆向自发。

例 3.8　一定温度下，五水硫酸铜脱水反应的标准平衡常数分别为：

$CuSO_4\cdot 5H_2O(s)=CuSO_4\cdot 3H_2O(s)+2H_2O(g)$，　$K^{\ominus}(1)$

$CuSO_4\cdot 3H_2O(s)=CuSO_4\cdot H_2O(s)+2H_2O(g)$，　$K^{\ominus}(2)$

$CuSO_4\cdot H_2O(s)=CuSO_4(s)+H_2O(g)$，　$K^{\ominus}(3)$

为保证 $CuSO_4\cdot H_2O$ 既不风化又不潮解，环境中水蒸气的相对压力应在何范围？

解：

应同时保证反应(2)能正向自发、反应(3)逆向自发，反应商 $Q(2)<K^{\ominus}(2)$、$Q(3)>K^{\ominus}(3)$，即：

$Q(2)=[p(H_2O)/p^{\ominus}]^2<K^{\ominus}(2)$，$p(H_2O)/p^{\ominus}<[K^{\ominus}(2)]^{1/2}$；

$Q(3)=p(H_2O)/p^{\ominus}>K^{\ominus}(3)$

故水蒸气相对压力应保持在 $K^{\ominus}(3)\sim[K^{\ominus}(2)]^{1/2}$ 范围内。

例 3.9　反应 $N_2(g)+3H_2(g)=2NH_3(g)$ 在一定温度下达平衡状态时，系统内 $n(N_2)=4\ mol$，$n(H_2)=n(NH_3)=1\ mol$。保持系统压力和温度恒定条件下，向系统中充入 1 mol 氮气后，平衡如何移动？

解：

充入氮气后，氮气分压增大，氢气和氨气分压降低，难以定性判断反应商如何变化，需经过计算方可得出正确结论。

设系统压力为 p，则未加入 1 mol 氮气前，各气体相对分压分别为：

$$p(N_2)/p^{\ominus}=\frac{4p}{6p^{\ominus}};$$

$$p(H_2)/p^{\ominus}=\frac{p}{6p^{\ominus}};$$

$$p(NH_3)/p^{\ominus}=\frac{p}{6p^{\ominus}};$$

$$K^{\ominus}=\frac{\left(\frac{p}{6p^{\ominus}}\right)^2}{\left(\frac{4p}{6p^{\ominus}}\right)\left(\frac{p}{6p^{\ominus}}\right)^3}=9\left(\frac{p^{\ominus}}{p}\right)^2$$

加入 1 mol 氮气后：

$$p(N_2)/p^{\ominus}=\frac{5p}{7p^{\ominus}};$$

$$p(H_2)/p^{\ominus}=\frac{p}{7p^{\ominus}};$$

$$p(NH_3)/p^{\ominus}=\frac{p}{7p^{\ominus}};$$

$$Q=\frac{\left(\frac{p}{7p^{\ominus}}\right)^2}{\left(\frac{5p}{7p^{\ominus}}\right)\left(\frac{p}{7p^{\ominus}}\right)^3}=9.8\left(\frac{p^{\ominus}}{p}\right)^2$$

$Q>K^{\ominus}$，故平衡逆向移动。

由此例和例 3.7 可知，化学平衡原理的文字表述略显粗糙，且只描述了单一条件变化对平衡移动的影响。

例 3.10 298 K 时，磷酸葡萄糖变位酶催化以下反应：

1-磷酸葡萄糖＝6-磷酸葡萄糖， $\Delta_r G_m^{\ominus}=-7.28\ \text{kJ}\cdot\text{mol}^{-1}$

同时，6-磷酸葡萄糖被磷酸异构化酶催化发生以下反应：

6-磷酸葡萄糖＝6-磷酸果糖， $\Delta_r G_m^{\ominus}=2.09\ \text{kJ}\cdot\text{mol}^{-1}$

若 1-磷酸葡萄糖初始浓度为 0.10 $\text{mol}\cdot\text{L}^{-1}$，计算各物种的平衡浓度。

解：

此为一多重平衡问题，解题关键有二：

(1)6-磷酸葡萄糖同时参加 2 个平衡，其浓度只能有 1 个，且同时满足 2 个平衡。

(2)因第二个反应远没有第一个反应进行得完全，6-磷酸葡萄糖的平衡浓度不可能很小，不能忽略，故不可用总反应平衡常数作近似计算。

解题步骤：

(1)计算二反应的标准平衡常数。

(2)设 6-磷酸葡萄糖、6-磷酸果糖平衡浓度分别为 x mol·L^{-1} 和 y mol·L^{-1}，则 1-磷酸葡萄糖平衡浓度为 $[0.10-(x+y)]$mol·L^{-1}。求解 2 联立方程即可得结果。

例 3.11 制造水煤气 $CO(g)+H_2(g)$ 时，需轮换向炽热的碳中分别鼓入水蒸气和空气，交替发生下列二反应：

(1)$C(s)+H_2O(g)=CO(g)+H_2(g)$， $\Delta_r H_m^{\ominus}=134$ kJ·mol^{-1}；

(2)$C(s)+O_2(g)=CO_2(g)$， $\Delta_r H_m^{\ominus}=-393$ kJ·mol^{-1}。

试根据化学平衡原理说明鼓入空气的目的。

解：

反应(1)为吸热反应，随反应进行，温度下降，平衡逆向移动。为提高转化率，可鼓入空气，发生放热反应(2)，升高系统温度，使反应(1)转化率提高。

三、自我检查

3.1 下列叙述，正确的是：

A. 对于 $\Delta_r H_m^{\ominus}<0$ 的反应，温度越高，$K^{\ominus}$ 越小，故 $\Delta_r G_m^{\ominus}$ 越大；

B. 对于 $\Delta_r S_m^{\ominus}>0$ 的反应，温度越高，$\Delta_r G_m^{\ominus}$ 越小，故 $K^{\ominus}$ 越大；

C. 一定温度下，1，2 两反应的标准摩尔吉布斯自由能之间的关系为 $\Delta_r G_m^{\ominus}(1)=2\Delta_r G_m^{\ominus}(2)$，则两反应标准平衡常数间关系为：$K^{\ominus}(2)=[K^{\ominus}(1)]^2$；

D. 对标准平衡常数 $K^{\ominus}>1$ 的反应，标准状态下必可正向自发。

3.2 反应 $NO(g)+CO(g)=\frac{1}{2}N_2(g)+CO_2(g)$ $\Delta_r H_m^{\ominus}<0$。欲使有害气体 NO、CO 尽可能转化为 N_2 和 CO_2，应采取的条件为：

A. 低温高压； B. 高温高压； C. 低温低压； D. 高温低压。

3.3 反应 $C(s)+CO_2(g)=\!=\!=2CO(g)$ 的标准平衡常数 $K^{\ominus}$ 表达式为：

A. $\dfrac{\{p(CO)/p^{\ominus}\}^2}{\{p(C)/p^{\ominus}\}\{p(CO_2)/p^{\ominus}\}}$； B. $\dfrac{\{p(CO)/p^{\ominus}\}}{p(CO_2)/p^{\ominus}}$；

C. $\dfrac{\{p(CO)/p^{\ominus}\}}{\{p(C)/p^{\ominus}\}\{p(CO_2)/p^{\ominus}\}}$； D. $\dfrac{\{p(CO)/p^{\ominus}\}^2}{p(CO_2)/p^{\ominus}}$。

3.4 已知 298 K 时，HAc 的离解平衡常数 $K_a^{\ominus}=1.76\times10^{-5}$，反应

$HAc(1\ mol\cdot L^{-1})=\!=\!=H^+(0.05\ mol\cdot L^{-1})+Ac^-(0.02\ mol\cdot L^{-1})$

A. 正反应自发； B. 逆反应自发；

C. 处于平衡状态； D. 速率极慢。

3.5 反应 $H_2S=\!=\!=H^++HS^-$ 的标准平衡常数为 $K_1^{\ominus}$，则反应 $2H^++2HS^-=\!=\!=2H_2S$ 的标准平衡常数 $K_2^{\ominus}$ 等于：

A. $-2K_1^{\ominus}$； B. $(K_1^{\ominus})^2$； C. $(K_1^{\ominus})^{-2}$； D. $(K_1^{\ominus})^{1/2}$。

3.6 反应 $N_2(g)+3H_2(g)=\!=\!=2NH_3(g)$ 达平衡后，在恒温、恒压条件下向反应器内加入一定量的惰性气体，则平衡：

A. 正向移动； B. 逆向移动； C. 不移动； D. 因无数据，故无法确定。

3.7 反应 $N_2(g)+3H_2(g)=\!=\!=2NH_3(g)$ 达平衡后，在恒温、恒容条件下向反应器内加入一定量的惰性气体，则平衡：

A. 正向移动； B. 逆向移动； C. 不移动； D. 因无数据，故无法确定。

3.8 反应 $CO_2(g)+H_2(g)=\!=\!=CO(g)+H_2O(g)$，$\Delta_r H_m^{\ominus}>0$。欲提高 CO 的产率，应采取的措施为：

A. 增加总压力； B. 加入催化剂；

C. 提高反应温度； D. 降低反应温度。

3.9 723℃时反应 $Fe(s)+CO_2(g)=\!=\!=FeO(s)+CO(g)$ 的 $K^{\ominus}=1.82$。若 CO_2、CO 的分压分别为 65 kPa 和 35 kPa，则反应将________向自发。

3.10 化学反应 $Fe_3O_4(s)+4H_2(g)=\!=\!=3Fe(s)+4H_2O(g)$ 标准平衡常数表达式为________。

3.11 近似计算在 100℃时下列碳酸钙分解反应的 $K^{\ominus}$，并判断在该温度下反应自发进行的条件。

	$CaCO_3(s)$	$=\!=\!=$	$CaO(s)$	+	$CO_2(g)$
$\Delta_f H_m^{\ominus}/(kJ\cdot mol^{-1})$	−1 206.9		−635.09		−393.51
$S_m^{\ominus}/(J\cdot K^{-1}\cdot mol^{-1})$	92.9		39.75		213.6

3.12 压力锅内，水的沸点为 110℃。近似计算锅内水蒸气的压力。已知 $\Delta_f H_m^{\ominus}(H_2O,g)=-241.8\ kJ\cdot mol^{-1}$，$\Delta_f H_m^{\ominus}(H_2O,l)=-285.8\ kJ\cdot mol^{-1}$。

自我检查参考答案

3.1 D　3.2 A　3.3 D　3.4 B　3.5 C　3.6 B　3.7 C　3.8 C　3.9 正

3.10 $K^{\ominus}=\dfrac{\{p(H_2O)/p^{\ominus}\}^4}{\{p(H_2)/p^{\ominus}\}^4}$

3.11 2.6×10^{-17}，　$p(CO_2)<2.6\times10^{-15}$ kPa

3.12 147 kPa

四、习题答案

3.1　(1)正确;(2)错误;(3)错误。

3.2　$K^{\ominus}=40$

3.3

$$K^{\ominus}=\frac{\{c(Fe^{2+})/c^{\ominus}\}\{p(H_2)/p^{\ominus}\}}{\{c(H^+)/c^{\ominus}\}^2}$$

3.4　$4\times(3)-2\times(1)-2\times(2)$ 得所求反应式，

故：$\Delta_r G_m^{\ominus}=4\Delta_r G_m^{\ominus}(3)-2\Delta_r G_m^{\ominus}(1)-2\Delta_r G_m^{\ominus}(2)$

$$K^{\ominus}=\frac{\{K^{\ominus}(3)\}^4}{\{K^{\ominus}(1)\}^2\{K^{\ominus}(2)\}^2}$$

3.5

未反应时，PCl_5 的物质的量 $n(PCl_5)=\dfrac{2.659\ \text{g}}{208.2\ \text{g}\cdot\text{mol}^{-1}}=0.012\ 77\ \text{mol}$

设反应达到平衡时，气体总的物质的量为：

$$n=\frac{pV}{RT}=\frac{101.3\ \text{kPa}\times1.00\ \text{L}}{8.314\ \text{kPa}\cdot\text{L}\cdot\text{mol}^{-1}\cdot\text{K}^{-1}\times523\ \text{K}}=0.023\ 3\ \text{mol}$$

根据反应式：

$PCl_5=PCl_3+Cl_2$

可得，达到平衡时，$n(PCl_5)=0.002\ 3$ mol，$n(PCl_3)=n(Cl_2)=0.010\ 5$ mol

根据理想气体分压定律：

$$p(PCl_5)=\frac{p}{x(PCl_5)}=10.0\ \text{kPa}$$

$$p(PCl_3)=p(Cl_2)=45.7\ \text{kPa}$$

$$K^{\ominus}=\frac{\{p(PCl_3)/p^{\ominus}\}\{p(Cl_2)/p^{\ominus}\}}{p(PCl_5)/p^{\ominus}}=2.09$$

3.6

$K^{\ominus}=\dfrac{c(O_2)/c^{\ominus}}{p(O_2)/p^{\ominus}}$

$K^{\ominus}(293\ K)=\dfrac{1.38\times10^{-3}\ mol\cdot L^{-1}/1\ mol\cdot L^{-1}}{101\ kPa/100\ kPa}=1.37\times10^{-3}$

(1)$O_2(g)=O_2(aq)$

$p(O_2)=21.0$ kPa 时：

$K^{\ominus}(293\ K)=\dfrac{c(O_2)/c^{\ominus}}{0.21}=1.37\times10^{-3}$

$c(O_2,aq)=2.88\times10^{-4}\ mol\cdot L^{-1}$

(2)$K^{\ominus}=85.5/(1.37\times10^{-3})=6.24\times10^{4}$

3.7 $Q=4$ 逆

$Q=0.1$ 逆向自发

3.8 $Ag_2CO_3(s)=Ag_2O(s)+CO_2(g)$

$\Delta_r G_m^{\ominus}(383\ K)=14.8\ kJ\cdot mol^{-1}$

$\ln K^{\ominus}(383\ K)=-\Delta_r G_m^{\ominus}(383\ K)/RT=-4.65$

$K^{\ominus}(383\ K)=9.56\times10^{-3}$

$Q=p(CO_2)/p^{\ominus}$

为防止反应正向自发，应保证 $Q>K^{\ominus}$

故：$p(CO_2)>0.956$ kPa

3.9

	$CCl_4(g)$	$CCl_4(l)$
$\Delta_f H_m^{\ominus}/(kJ\cdot mol^{-1})$	-102.93	-135.4
$S_m^{\ominus}/(J\cdot K^{-1}\cdot mol^{-1})$	309.74	216.4

$$CCl_4(l) = CCl_4(g)$$

$\Delta_r H_m^{\ominus}=32.47\ kJ\cdot mol^{-1}$

$\Delta_r S_m^{\ominus}=0.093\ 34\ kJ\cdot K^{-1}\cdot mol^{-1}$

CCl_4 的正常沸点为反应的转变温度，即 $\Delta_r G_m^{\ominus}=0$ 时的温度：

$T_1=\Delta_r H_m^{\ominus}/\Delta_r S_m^{\ominus}=348\ K$

根据克拉贝龙-克劳修斯方程：

$$\ln\frac{p_2}{p_1}=\frac{-\Delta_r H_m^{\ominus}}{R}\left(\frac{1}{T_2}-\frac{1}{T_1}\right)$$

可得在 20 kPa 时，其沸点为 304 K。

3.10

$$COCl_2(g) = CO(g) + Cl_2(g)$$

$p^{eq}/p^{\ominus}$　　$0.10-x$　　x　　x

$$K^{\ominus}=\frac{\{p^{eq}(CO)/p^{\ominus}\}\{p^{eq}(Cl_2)/p^{\ominus}\}}{\{p^{eq}(COCl_2)/p^{\ominus}\}}=\frac{x^2}{0.10-x}=1.0\times10^{-1}$$

$x=0.062$

$p(COCl_2)=3.8\ kPa$，$p(CO)=p(Cl_2)=6.2\ kPa$

$p=16.2\ kPa$

第4章　化学反应速率

化学反应速率，属于化学动力学研究的问题。一个化学反应，从热力学原理判断可自发进行，但可能由于反应速率过低，实际上并不能发生。所以，热力学仅仅对反应的可能性作出判断，实际是否能进行，还必须考虑动力学因素。

一、内容提要

1. 化学反应速率表示法

反应速率是指单位时间内反应物或生成物浓度的改变量与化学计量数的比。对于化学反应

$$-\nu_A A - \nu_B B - \cdots = +\nu_Y Y + \nu_Z Z + \cdots$$

其瞬时反应速率可表示如下：

$$v = \frac{dc(A)}{\nu_A dt} = \frac{dc(B)}{\nu_B dt} = \frac{dc(Y)}{\nu_Y dt} = \frac{dc(Z)}{\nu_Z dt}$$

平均反应速率可表示为：

$$\bar{v} = \frac{\Delta c(A)}{\nu_A \Delta t} = \frac{\Delta c(B)}{\nu_B \Delta t} = \frac{\Delta c(Y)}{\nu_Y \Delta t} = \frac{\Delta c(Z)}{\nu_Z \Delta t}$$

2. 化学反应机理

化学反应所经历的途径称为反应机理或反应历程。

从反应物一步转化为生成物的反应称为基元反应，也称为简单反应。从反应物经多步转化为生成物的反应称为非基元反应，也称为复杂反应。大多数反应是非基元反应。

一个反应是否为基元反应需要通过实验确定。

3. 浓度对反应速率的影响

改变反应物浓度（对气体物质而言，改变其分压力），将增加有效碰撞的次数，由此加快了反应速率。浓度对反应速率的影响程度可以由速率方程体现：

对基元反应：

$$aA+bB=cC+dD$$

其速率方程，

$$v=k\cdot c^{a}(A)\cdot c^{b}(B)$$

式中：k 为速率常数，是反应的特性常数，与反应本身及温度有关，与浓度无关。k 的单位可通过速率方程确定。

a、b 分别称为反应物 A、B 的反应级数，$(a+b)$称为反应的反应级数。此式称为质量作用定律。

对于非基元反应，速率方程必须通过实验确定。

对非基元反应：$aA+bB=cC+dD$，其速率方程，

$$v=k\cdot c^{m}(A)\cdot c^{n}(B)$$

$(m+n)$称为该反应的反应级数。m 与 a、n 与 b 没有确定的关系。

从速率方程可以看出，反应级数越大，浓度对反应速率的影响越大，若反应级数为 0，则浓度对反应速率没有影响。

4. 温度对反应速率的影响

温度对反应速率的影响主要表现在对速率常数的影响，其影响程度可以通过阿仑尼乌斯方程计算：

$$k=A\cdot e^{\frac{-E_a}{RT}}$$

$$\ln\frac{k_2}{k_1}=\frac{E_a}{R}\cdot\frac{(T_2-T_1)}{T_1T_2}$$

式中：k_1、k_2 分别为温度 T_1、T_2 时的反应速率常数；R 为摩尔气体常数；E_a 为反应的活化能，由实验确定。

5. 催化剂对反应速率的影响

催化剂参加了化学反应，改变了反应途径，降低了反应的活化能，从而使速率常数增大，反应速率增大。

催化剂只能改变反应到达平衡的时间，不能改变反应的热力学函数变化，即催化剂不能改变反应方向，也不能改变平衡状态。

6. 化学反应速率的碰撞理论简介

化学反应速率的碰撞理论认为，对气相双分子基元反应 $A+B\rightarrow C$：

①反应物分子间的相互碰撞是反应进行的先决条件：反应速率与 A、B 分子的碰

撞频率 Z(单位时间、单位体积内 A、B 分子的碰撞次数)成正比,即 $v \propto Z_0 c(\mathrm{A})c(\mathrm{B})$

其中,Z_0 为 $c(\mathrm{A})=c(\mathrm{B})=1\ \mathrm{mol \cdot L^{-1}}$ 时的碰撞频率。

②只有分子相对动能足够高,超过 E_a 的分子间的碰撞才可能发生反应。所以反应速率和这些能量足够高的分子对间的碰撞频率与反应物分子间总的碰撞频率的比值成正比,即与能量因子 f 成正比,即

$$v \propto f Z_0 c(\mathrm{A})c(\mathrm{B})$$

式中:

$$f = \mathrm{e}^{\frac{-E_a}{RT}}$$

活化能 E_a 是决定化学反应速率的最主要的因素。

③碰撞方位必须取向适当。所以反应速率与方位因子 P 成正比。

综上所述,反应速率的碰撞理论认为:

$$v = P \cdot f \cdot Z_0 c(\mathrm{A})c(\mathrm{B})$$

$$k = P \cdot f \cdot Z_0 = P \cdot Z_0 \cdot \mathrm{e}^{\frac{-E_a}{RT}}$$

以上二式与速率方程、阿仑尼乌斯方程在形式上完全一致,对速率常数、活化能的物理意义作出了解释,并从理论上说明了浓度、温度、催化剂对反应速率的影响:浓度变化改变了分子间的碰撞频率 Z;温度变化改变了能量因子 f;催化剂改变了反应的活化能 E_a,都将对反应速率产生影响。

二、典型例题解析

例 4.1 下列说法正确的为:

A. 反应的速率常数大,反应速率一定高;

B. 反应 $H_2(g)+I_2(g)=2HI(g)$ 的速率方程为 $v=kc(H_2)c(I_2)$,因此该反应一定是基元反应;

C. 某催化剂用于合成氨,N_2 的转化率为 0.2,现有一新催化剂使反应速率常数提高 1 倍,转化率将提高到 0.4;

D. 反应的自发性高,不一定速率高。

解:

速率不仅与速率常数有关,还与浓度、压力条件有关,故答案 A 不正确;反应是否为基元反应,必须通过实验、不可只根据速率方程确定,故答案 B 不正确;催化剂只能改变反应速率,不影响反应的 $\Delta_r G_m^{\ominus}$,故不影响反应的完成程度,答案 C

不正确。反应自发性与反应的 $\Delta_r G_m$ 有关，速率主要决定于活化能，故答案 D 正确。

例 4.2　已知某反应的速率常数单位为 $L^2 \cdot mol^{-2} \cdot s^{-1}$，则该反应的级数为：

A. 0；　　B. 1；　　C. 2；　　D. 3。

解：

正确答案为 D。根据质量作用定律，反应速率的单位与反应级数 n 和速率常数的单位具有下面关系：$mol \cdot L^{-1} \cdot s^{-1} = L^2 \cdot mol^{-2} \cdot s^{-1} \cdot mol^n \cdot L^{-n}$，所以 $n=3$，A、B、C 均为错误。

例 4.3　在 $p(A)=81.04$ kPa、$p(B)=60.78$ kPa、$p(C)=0$ 时，基元反应 $2A(g) + B(g) = C(g)$ 在定温、定容条件发生。当 $p(C)=20.20$ kPa 时，反应速率约为初始速率的：

A. 1/6；　　B. 1/16；　　C. 1/24；　　D. 1/48。

解：

因反应为基元反应，故其速率方程为：

$$v=k\{c(A)\}^2\{c(B)\}=K\{p(A)\}^2\{p(B)\}$$

得：$v_0=K_0\{p_0(A)\}^2\{p_0(B)\}=K_0(81.04\ \text{kPa})^2\cdot(60.78\ \text{kPa})=K_0\times 3.992\times10^5(\text{kPa})^3$

因反应在定温、定容条件进行，根据分压定律可得：

$v=K(81.04\ \text{kPa}-2\times20.20\ \text{kPa})^2\cdot(60.78\ \text{kPa}-20.20\ \text{kPa})=K(40.64\ \text{kPa})^2\cdot(40.58\ \text{kPa})=K\times6.702\times10^4\ \text{kPa}^3$

因反应在定温条件下进行，故 $K_0=K$，所以 $v/v_0\approx 1/6$

故答案 A 正确。

例 4.4　已知 $2NO(g) + Br_2(g) = 2NOBr$ 的反应历程是：

(1) $NO(g)+Br_2(g)= NOBr_2(g)$　　(快)

(2) $NOBr_2(g)+NO(g)=2NOBr(g)$　　(慢)

此反应的速率方程可能是：

A. $v=kc(NO)$；　　B. $v=kc^2(NO)$；

C. $v=kc^2(NO)\cdot c(Br_2)$；　　D. $v=kc(NOBr_2)\cdot c(NO)$。

解：

此反应，速率由慢反应(2)决定，即 $v=v(2)$。

$v(2)=k_2c(NOBr_2)\cdot c(NO)$

根据平衡浓度之间的关系：

$$K_1=\frac{c(\mathrm{NOBr})}{c(\mathrm{NO})c(\mathrm{Br_2})}$$

得：$v=v_2=k_2K_1c^2(\mathrm{NO})\cdot c(\mathrm{Br_2})=kc^2(\mathrm{NO})\cdot c(\mathrm{Br_2})$

故答案 C 正确。

速率方程应表示反应物浓度与速率的关系，故答案 D 不正确。

例 4.5　25℃时，A(g)→B(g) 为二级反应。当 A 的浓度为 0.050 mol·L^{-1} 时，v=1.2 mol·L^{-1}· min^{-1}。该反应的速率方程为________，此温度下速率常数 k=________。温度不变时，欲使反应速率增加至 2.4 mol·L^{-1}· min^{-1}，A 的浓度应为________。

解：

$v=kc^2(\mathrm{A})$

$$k=\frac{v}{c^2(\mathrm{A})}=\frac{1.2\ \mathrm{mol\cdot L^{-1}\cdot min^{-1}}}{(0.050\ \mathrm{mol\cdot L^{-1}})^2}=480\ \mathrm{L\cdot mol^{-1}\cdot min^{-1}}$$

$v=2.4\ \mathrm{mol\cdot L^{-1}\cdot min^{-1}}$ 时：$c(\mathrm{A})=0.071\ \mathrm{mol\cdot L^{-1}}$

例 4.6　NO 与 Cl_2 进行反应：$2\mathrm{NO(g)}+\mathrm{Cl_2(g)}═2\mathrm{NOCl(g)}$，在一定温度下，反应物浓度和反应速率的关系如下：

$c(\mathrm{NO})/(\mathrm{mol\cdot L^{-1}})$	$c(\mathrm{Cl_2})/(\mathrm{mol\cdot L^{-1}})$	$v/(\mathrm{mol\cdot L^{-1}\cdot s^{-1}})$
0.50	0.50	1.14
1.00	0.50	4.56
1.00	1.00	9.12

求反应级数及在该温度下的速率常数 k。

解：

设速率方程为 $v=kc^m(\mathrm{NO})c^n(\mathrm{Cl_2})$，将数据代入速率方程：

$$1.14\ \mathrm{mol\cdot L^{-1}\cdot s^{-1}}=k(0.05\ \mathrm{mol\cdot L^{-1}})^m(0.05\ \mathrm{mol\cdot L^{-1}})^n$$

$$4.56\ \mathrm{mol\cdot L^{-1}\cdot s^{-1}}=k(1.00\ \mathrm{mol\cdot L^{-1}})^m(0.05\ \mathrm{mol\cdot L^{-1}})^n$$

$$9.12\ \mathrm{mol\cdot L^{-1}\cdot s^{-1}}=k(1.00\ \mathrm{mol\cdot L^{-1}})^m(1.00\ \mathrm{mol\cdot L^{-1}})^n$$

解得　$m=2$，$n=1$，故速率方程为

$v=kc^2(\mathrm{NO})c(\mathrm{Cl_2})$，即反应级数为 3。

将任意一组数据代入速率方程，可得：

$$9.12\ \mathrm{mol\cdot L^{-1}\cdot s^{-1}}=k(1.00\ \mathrm{mol\cdot L^{-1}})^2(1.00\ \mathrm{mol\cdot L^{-1}})$$

$$k=9.12(\mathrm{mol\cdot L^{-1}})^{-2}\cdot \mathrm{s^{-1}}$$

例 4.7　N_2O_5 分解反应，400 K 时 $k=1.4\ s^{-1}$，450 K 时 $k=43\ s^{-1}$，求该反应的活化能。

解：

根据阿仑尼乌斯方程：

$$\ln\frac{k_2}{k_1}=\frac{E_a}{R}\left(\frac{1}{T_1}-\frac{1}{T_2}\right)$$

代入数据，得：

$$E_a=102.5\ kJ\cdot mol^{-1}$$

三、自我检查

4.1　化学反应 $aA+bB = cC+dD$ 的反应级数等于：

A. $a+b$；　　B. $(a+b)-(c+d)$；

C. 有可能等于 $a+b$；　　D. 不可能等于 $a+b$。

4.2　表面催化反应、酶催化反应，大多为 0 级反应。下列关于 0 级反应的叙述，错误的为：

A. 反应速率与反应时间呈直线关系；

B. 可能是基元反应；

C. 肯定是复杂反应；

D. 增大反应物浓度对反应速率无影响。

4.3　升高温度可明显增大反应速率的原因是：

A. 分子碰撞频率明显升高；　　B. 反应的活化能降低；

C. 能量因子增大；　　D. 该反应是吸热反应。

4.4　若物质的量单位为 mol，体积单位为 L，时间单位为 s，0 级反应、一级反应、二级反应的速率常数单位分别为________、________、________。

4.5　根据反应速率碰撞理论，反应物浓度和压力不变时，若加入正催化剂，则反应活化能 E_a ________，能量因子 f ________，速率常数 k ________；若反应温度不变，增大反应物浓度，则反应活化能 E_a ________，能量因子 f ________，速率常数 k ______。

4.6　对于基元反应 $2NO(g)+O_2(g) = 2NO_2(g)$，一定温度下，若反应器体积缩小一半，则正反应速率是原来的________倍。

4.7　反应 $C_2H_5I + OH^- = C_2H_5OH + I^-$，在 298 K 时的 $k=5.03\times10^{-2}\ mol\cdot L^{-1}\cdot s^{-1}$，在 333 K 时的 $k=6.71\ mol\cdot L^{-1}\cdot s^{-1}$。计算反应在 305 K 时的速率常数。

4.8　660 K 时反应 $2NO(g)+O_2(g)$ ══ $2NO_2(g)$ 数据如下表：

$c(NO)/(mol\cdot L^{-1})$	$c(O_2)/(mol\cdot L^{-1})$	$v/(mol\cdot L^{-1}\cdot s^{-1})$
0.10	0.10	0.03
0.10	0.20	0.06
0.20	0.20	0.24

①写出反应的速率方程；②求反应级数和速率常数；③求 $c(NO)=c(O_2)=0.15\ mol\cdot L^{-1}$时的反应速率。

4.9　已知反应

A. $2N_2O_5=4NO_2+O_2$，$E_a=103.3\ kJ\cdot mol^{-1}$；

B. $C_2H_5Cl=C_2H_4+HCl$，$E_a=246.9\ kJ\cdot mol^{-1}$。

(1)如果 A、B 反应的温度由 300 K 升到 310 K，上述两反应速率增大多少倍？从而说明了什么？

(2)如果把 B 反应的温度由 700 K 升到 710 K，反应速率又增大多少倍？和(1)中 B 反应比较又说明了什么？

自我检查参考答案

4.1 C　4.2 B　4.3 C　4.4 $mol\cdot L^{-1}\cdot s^{-1}$；$s^{-1}$；$L\cdot mol^{-1}\cdot s^{-1}$

4.5 降低；升高；升高；不变；不变；不变

4.6 8

4.7 $0.145\ mol\cdot L^{-1}\cdot s^{-1}$

4.8 ①$v=kc^2(NO)c(O_2)$

②反应级数为 3，$k=30(mol\cdot L^{-1})^{-2}\cdot s^{-1}$

③$v=0.101\ mol\cdot L^{-1}\cdot s^{-1}$

4.9 (1)A：$k_2/k_1=3.8$，B：$k_2/k_1=24.4$，说明同样的温度变化，对活化能大的反应的速率影响大；

(2)$k_2/k_1=1.8$，说明对确定的化学反应，相同的温度变化，在低温时对反应速率影响较大。

四、习题答案

4.2　解：

设速率方程为　$v=kc^m(NOCl)$

$(1)v_1=k(0.200\ \text{mol}\cdot\text{L}^{-1})^m=\dfrac{4.8\times10^{-5}}{2}\ \text{mol}\cdot\text{L}^{-1}\cdot\text{s}^{-1}$

$(2)v_2=k(0.400\ \text{mol}\cdot\text{L}^{-1})^m=\dfrac{1.92\times10^{-4}}{2}\ \text{mol}\cdot\text{L}^{-1}\cdot\text{s}^{-1}$

(1)/(2)得：$\left(\dfrac{0.200\ \text{mol}\cdot\text{L}^{-1}}{0.400\ \text{mol}\cdot\text{L}^{-1}}\right)^m=\dfrac{4.8\times10^{-5}\ \text{mol}\cdot\text{L}^{-1}\cdot\text{s}^{-1}}{1.92\times10^{-4}\ \text{mol}\cdot\text{L}^{-1}\cdot\text{s}^{-1}}$

$m\approx2$

$k=\dfrac{v}{c^2(\text{NOCl})}=\dfrac{4.8\times10^{-5}\ \text{mol}\cdot\text{L}^{-1}\cdot\text{s}^{-1}/2}{(0.200\ \text{mol}\cdot\text{L}^{-1})^2}=6.0\times10^{-4}\ \text{mol}^{-1}\cdot\text{L}\cdot\text{s}^{-1}$

$v_3=6.0\times10^{-4}\ \text{mol}^{-1}\cdot\text{L}\cdot\text{s}^{-1}\times(0.500\ \text{mol}\cdot\text{L}^{-1})^2=1.5\times10^{-4}\text{mol}\cdot\text{L}^{-1}\cdot\text{s}^{-1}$

4.3　解：

(1)设反应的速率方程为：$v=kc^m(\text{NO})c^n(\text{O}_2)$

(2)将表中数据代入上式得：

$(a)v_1=k(0.10\ \text{mol}\cdot\text{L}^{-1})^m(0.10\ \text{mol}\cdot\text{L}^{-1})^n=\dfrac{3.0\times10^{-2}}{2}\text{mol}\cdot\text{L}^{-1}\cdot\text{s}^{-1}$

$(b)v_2=k(0.10\ \text{mol}\cdot\text{L}^{-1})^m(0.20\ \text{mol}\cdot\text{L}^{-1})^n=\dfrac{6.0\times10^{-2}}{2}\text{mol}\cdot\text{L}^{-1}\cdot\text{s}^{-1}$

$(c)v_3=k(0.30\ \text{mol}\cdot\text{L}^{-1})^m(0.20\ \text{mol}\cdot\text{L}^{-1})^n=\dfrac{0.54}{2}\text{mol}\cdot\text{L}^{-1}\cdot\text{s}^{-1}$

$(a)/(b)$得：$\left(\dfrac{1}{2}\right)^n=\dfrac{1}{2}\quad n=1$

$(b)/(c)$得：$\left(\dfrac{1}{3}\right)^m=\dfrac{1}{9}\quad m=2$

反应级数为 3

$$\begin{aligned}k&=\frac{v}{c^2(\text{NO})c(\text{O}_2)}=\frac{3.0\times10^{-2}\ \text{mol}\cdot\text{L}^{-1}\cdot\text{s}^{-1}/2}{(0.10\ \text{mol}\cdot\text{L}^{-1})^2\times(0.10\ \text{mol}\cdot\text{L}^{-1})}\\&=15\ \text{mol}^{-2}\cdot\text{L}^2\cdot\text{s}^{-1}\end{aligned}$$

$$\begin{aligned}(3)v_3&=15\ \text{mol}^{-2}\cdot\text{L}^2\cdot\text{s}^{-1}\times(0.15\ \text{mol}\cdot\text{L}^{-1})^2\times(0.15\ \text{mol}\cdot\text{L}^{-1})\\&=5.1\times10^{-2}\ \text{mol}\cdot\text{L}^{-1}\cdot\text{s}^{-1}\end{aligned}$$

4.4　解：

$$\frac{k_{t+n\times10}}{k_t}=r^n$$

$$\frac{k_{30}}{k_{20}}=r\qquad \frac{3.5\times10^{-5}\text{mol}^{-1}\cdot\text{L}\cdot\text{s}^{-1}}{1.3\times10^{-5}\text{mol}^{-1}\cdot\text{L}\cdot\text{s}^{-1}}=r\qquad r=2.7$$

$$\frac{k_{20+3\times10}}{k_{20}}=r^3$$

$$\begin{aligned}k_{50}&=k_{20}\times r^3=1.3\times10^{-5}\ \mathrm{mol^{-1}\cdot L\cdot s^{-1}}\times(2.7)^3\\&=2.6\times10^{-4}\ \mathrm{mol^{-1}\cdot L\cdot s^{-1}}\end{aligned}$$

4.5 解：

$$\ln\frac{k_2}{k_1}=\frac{E_a}{R}\left(\frac{T_2-T_1}{T_2T_1}\right)$$

$$\ln\frac{2.0\times10^{-5}\,\mathrm{s^{-1}}}{k_1}=\frac{226\times10^3\ \mathrm{J\cdot mol^{-1}}}{8.314\ \mathrm{J\cdot mol^{-1}\cdot K}}\left(\frac{650\ \mathrm{K}-600\ \mathrm{K}}{650\ \mathrm{K}\times600\ \mathrm{K}}\right)$$

$$k_1=6.1\times10^{-7}\,\mathrm{s^{-1}}$$

4.6 解：

$$\ln\frac{k_2}{k_1}=\frac{E_a}{R}\left(\frac{T_2-T_1}{T_2T_1}\right)$$

$$E_a=\frac{RT_1T_2}{T_2-T_1}\ln\frac{k_2}{k_1}=183\ \mathrm{kJ\cdot mol^{-1}}$$

4.7 解：

$$\ln\frac{k_2}{k_1}=\frac{E_a}{R}\left(\frac{T_2-T_1}{T_2T_1}\right)$$

$$\ln\frac{k_2}{7.8\ \mathrm{L\cdot mol^{-1}\cdot s^{-1}}}=\frac{111\times10^3\ \mathrm{J\cdot mol^{-1}}}{8.314\ \mathrm{J\cdot mol^{-1}\cdot K}}\left(\frac{703\ \mathrm{K}-673\ \mathrm{K}}{703\ \mathrm{K}\times673\ \mathrm{K}}\right)$$

$$k_2=18.2\ \mathrm{L\cdot mol^{-1}\cdot s^{-1}}$$

4.8 解：

设其速率方程为 $v=k\cdot c^n$

$$\frac{v_2}{v_1}=\left(\frac{c_2}{c_1}\right)^n$$

$2.8=2^n$

$n=1.5$

第5章 原子结构

本章重点介绍原子核外电子的运动状态及其对元素性质的影响。

一、内容提要

1.微观粒子的运动特征

与宏观物体不同，微观粒子运动有两个重要的特征，即量子化特征和波粒二象性。原子发射光谱实验证明了微观粒子能量的量子化，电子衍射实验证明了微观粒子具有波动性。

电子衍射实验的结果表明，对于具有波粒二象性的微观粒子，不可能同时测准其空间坐标和动量。这说明以物理量变化连续性、可同时测准空间坐标和动量为两个基本假设的经典力学不适于对微观粒子运动状态的描述，不能用确定的轨道描述核外电子运动状态。

微观粒子波粒二象性的统计解释认为，微观粒子的波动性是大量微观粒子运动的统计性规律的表现。空间某点附近单位微体积内粒子出现机会多，即几率密度大，则该点处波强度大，反之，几率密度小，则波强度小。据此，人类建立了一种全新的力学系统——量子力学，对电子等微观粒子的运动状态进行研究。

量子力学用波函数 Ψ 来描述电子的运动状态，并用 Ψ^2 代表电子在核外空间各点的几率密度。

2.波函数，四个量子数，电子云

波函数又称原子轨道，是描述核外电子空间运动状态的函数式。一条原子轨道由 n、l、m 三个量子数确定。

主量子数 n 是决定轨道能级的重要参数，是决定单电子原子内电子能量的唯一因素。单电子原子内，n 相同的原子轨道为简并轨道。n 可取 1,2,3 等正整数，n 越小，电子出现几率最大的区域离原子核越近，能量越低，所以常用 n 代表电子层。

角量子数 l 与原子轨道的形状有关，它的取值受 n 的限制，可以是 $0,1,2,\cdots,(n-1)$。n 和 l 共同决定多电子原子内电子能量。

磁量子数 m 可取值 $0,\pm1,\pm2,\cdots,\pm l$，共 $2l+1$ 个值。m 与原子轨道或电子云在空间的伸展方向有关。

电子除围绕原子核运动，还有自旋运动。自旋量子数 m_s 用来描述电子的自旋运动状态，取值只有 $+\frac{1}{2}$ 和 $-\frac{1}{2}$ 两个。n、l、m 三个量子数确定一个 Ψ，即一条原子轨道，确定了电子的空间运动状态；n、l、m、m_s 四个量子数则确定了电子的运动状态。

电子云，是电子在核外空间几率密度 Ψ^2 分布的形象化描述。

3. 轨道能级

单电子原子体系中，原子轨道能级高低由主量子数(n)决定。在单电子原子(离子)中：

$$E=\frac{-Z^2}{n^2}\times 2.179\times 10^{-18}\ \mathrm{J}$$

式中：E 为轨道能量；Z 为核电荷；n 为主量子数。

量子力学中，称原子中能量相同的轨道为“简并轨道”。单电子原子中，主量子数 n 相同的轨道，即同层的轨道为简并轨道。n 值越大，轨道能量越高。

多电子原子中，由于电子间的屏蔽和钻穿作用，使 n 相同但 l 不同的轨道发生能级分裂和内层轨道能级高于外层轨道能级的能级交错现象。利用中心力场模型建立和求解多电子原子的波动方程得出，轨道能级可依下式计算：

$$E=\frac{-Z^{*2}}{n^2}\times 2.179\times 10^{-18}\ \mathrm{J}$$

式中：Z^* 为指定电子实际受到的、发自原子中心的正电荷量，称为有效核电荷。由于屏蔽作用，有效核电荷要小于核电荷：$Z^*=Z-\sigma$，σ 代表屏蔽造成的核电荷数减少或被抵消的部分，称为屏蔽常数。σ 值越大，表明指定电子受其他电子的屏蔽作用越大，轨道能量越高。σ 大小与 n、l 有关。内层电子对外层电子屏蔽作用显著，同层电子之间屏蔽作用较小。

由于钻穿能力不同，在多电子原子中，n 相同但 l 不同的原子轨道能量不同。n 相同且 l 也相同的轨道才是简并轨道。美国著名的化学家鲍林根据大量光谱实验数据及理论计算，给出了近似能级图(1s，2s，2p，3s，3p，4s，3d，4p，5s，4d，5p，6s，4f，5d，6p，7s，5f，6d，7p)和能级组概念{ns，($n-2$)f，($n-1$)d，np}。

4. 基态原子核外电子排布

多电子原子中，核外电子的排布遵循以下原则：

(1)能量最低原理

基态原子核外电子的排布总是尽可能使系统能量处于最低状态。光谱实验数据证明，基态原子中，电子按照鲍林近似能级图中轨道能量由低到高的顺序填充各轨道，或说按第一、第二、第三……能级组顺序填充。

(2)泡利不相容原理

同一原子内不可能有四个量子数完全相同的两个电子存在。根据泡利不相容原理，每条轨道上最多只能容纳2个自旋相反的电子。

(3)洪特规则

在简并轨道上排布的电子，将尽可能以自旋相同的方式分占不同轨道。简并轨道全空(p^0、d^0、f^0)，或被电子半充满(p^3、d^5、f^7)、全充满(p^6、d^{10}、f^{14})时较为稳定。

5.影响元素性质的结构因素

(1)外层电子构型

实验表明，对于中性原子，最外层8电子的构型是最稳定的，简并轨道中的电子处于全满和全空状态的构型也是最稳定的。因此：

s区元素，外层电子构型为ns^1和ns^2，有强烈的失去最外层电子的趋势，为活泼金属。

p区元素，$ns^2np^{1\sim6}$，除0族元素外，最外电子层不是稳定结构，故0族元素表现为化学性质不活泼，ⅢA～ⅦA元素，从趋向于失去最外层电子而逐渐变为趋向得到电子以达稳定的电子构型，化学性质从金属性逐渐过渡到非金属性。

d区元素，外层电子构型一般为$(n-1)d^{1\sim9}ns^{1\sim2}$。最外层含2个或1个s电子，因此均表现为金属性；次外层d轨道含1～8个电子，未完全充满，次外层电子也会参加化学反应，因而表现出多种氧化数。

ds区元素，与d区元素相似。

f区元素，最外层只有2个(个别为1个)s电子，均为活泼金属；次次外层f轨道和次外层d轨道一般未完全充满，也参加化学反应，故性质复杂。

(2)原子半径和有效核电荷

同周期主族元素，从左到右随着原子序数的递增，有效核电荷明显增大，原子半径明显减小，致使元素的金属性明显减小，非金属性明显增大。

同周期过渡元素，从左到右随着原子序数的递增，有效核电荷增大缓慢，原子半径减小较为缓慢，致使元素的金属性递减缓慢，使得整个过渡元素都保持着金属的性质。对于内过渡元素如镧系元素，原子半径从左至右收缩的平均幅度更小。随着原子序数的增加，镧系元素原子半径缓慢减小，这种现象称作“镧系收缩”。镧系收缩导致镧系元素性质极为相似，且镧系元素后的几个第六周期元素的原子半径与相应的第五周期同族元素的原子半径十分接近，使其性质也十分相似，这种现象叫作镧系收缩效应，例如铪(Hf)和锆(Zr)、钽(Ta)和铌(Nb)、钨(W)和钼(Mo)

等的原子半径和性质都十分接近。

同一主族元素,从上至下原子半径依次增大,金属性依次增强。

同族的过渡元素,ⅢB族从上至下原子半径依次增大,与主族元素原子半径的变化趋势一致。而后面的却是:从第一系列过渡元素到第二系列过渡元素,原子半径增大,而由第二系列到第三系列过渡元素,原子半径基本不变,甚至缩小。这种反常现象主要是由于镧系收缩影响所致。

6.元素重要性质的周期性变化规律

(1)元素的电离能

元素的一个基态气态原子失去一个电子变成一价气态正离子所需的能量称为元素的第一电离能,用 I_1 表示。

①同一周期的主族元素从左至右,由于有效核电荷递增,半径递减,总的趋势是第一电离能明显增大,元素从强金属性变化到强的非金属性,到稀有气体元素达到最高的电离能。在 p 轨道全空、半满时,元素的第一电离能出现反常,如 $I_1(Mg)>I_1(Al)$、$I_1(N)>I_1(O)$,等。

②同系列过渡元素第一电离能不规则地升高,且升高幅度不明显。

③同一主族及0族元素,从上到下原子的价电子构型相同,虽然核电荷增大,但由于原子半径的增大对第一电离能的影响更为显著,所以电离能递减,元素的金属性自上而下增强。

④同族过渡元素,从第一至第二系列,第一电离能减小,金属性增强;而从ⅣB族开始,由于镧系收缩致使第二至第三系列过渡元素的第一电离能明显增大,如Hg、Au、Pt、Ir、Os、Re、W、Ta等第一电离能高的不活泼金属元素,均属于第三系列过渡元素。

(2)元素的电子亲合能

元素的一个基态气态原子获得一个电子形成一价气态负离子所放出的能量,称该元素的第一电子亲合能 E_1。随原子序数增大,同周期主族元素的电子亲合能有增大趋势,同主族元素的电子亲合能有减小趋势,但第二周期元素的电子亲合能小于同族第三周期元素。

(3)原子的电负性

原子的电负性是原子在分子中吸引成键电子的能力。原子的电负性越大,原子对成键电子的吸引能力越大。随原子序数增大,同周期元素的电负性增大,同主族元素的电负性减小。

二、典型例题解析

例 5.1　电子衍射实验说明：

A. 电子能量是量子化的；　　B. 电子是带负电的微粒；

C. 电子具有波动性；　　D. 电子具有一定质量。

解：答案 C 正确。

例 5.2　下列各组量子数，合理的是：

A. 3、2、2、+1；　B. 3、0、−1、$+\frac{1}{2}$；　C. 1、0、0、0；　D. 2、1、0、$+\frac{1}{2}$。

解：m_s 的取值只有 $+\frac{1}{2}$ 和 $-\frac{1}{2}$ 两个，故答案 A 和 C 不正确。l 取 0 时，m 不能取 −1，故答案 B 不正确。答案 D 正确。

例 5.3　He^+ 中，轨道能量高低顺序正确的为：

A. 1s＝2s＝2p；

B. 1s＜2s＝2p＜3s＝3d；

C. 1s＜2s＜2p＜3s＜3p＜4s＜3d；

D. 1s＜2s＜2p＜3s＜3p＜3d＜4s。

解：

He^+ 为单电子系统，轨道能级仅由主量子数决定，n 相同的原子轨道为简并轨道。故答案 B 正确。

例 5.4　下列离子的电子构型可以用[Ar]$3d^6$ 表示的是：

A. Mn^{2+}；　　B. Fe^{3+}；

C. Co^{3+}；　　D. Cr^{3+}。

解：

以上 4 元素基态原子电子构型分别为：

Mn：[Ar]$3d^5 4s^2$；

Fe：[Ar]$3d^6 4s^2$；

Co：[Ar]$3d^7 4s^2$；

Cr：[Ar]$3d^5 4s^1$

形成阳离子时，首先失去能量较高的 4s 电子，继而失去 3d 电子。故答案 C 正确。

例 5.5　第一电子亲合能最大的元素、最活泼的非金属单质分别是：

A. F、F_2；　　B. Cl、Cl_2；

C. Cl、F_2；　　D. F、Cl_2。

解:F 是第二周期元素,因为原子半径小,不易接受电子,第一电子亲合能小于同族第三周期元素 Cl;F—F 键能小于 Cl—Cl 键能,致使 F_2 是最强的非金属单质。故答案 C 正确。注意不要把元素性质与单质的性质相混。

例 5.6 下列元素,第一电离能最大的是:

A. 硼; B. 碳; C. 氮; D. 氧。

解:同周期元素第一电离能从左到右递增。但基态 N 原子电子构型为[He]$2s^2 2p^3$,p 轨道半充满,为较稳定结构,其第一电离能大于氧元素。故答案 C 正确。

例 5.7 下列元素中,第一电子亲合能最小的为:

A. Si; B. P; C. S; D. Cl。

解:同周期元素第一电子亲合能从左到右递增。但基态 P 原子电子构型为[Ne] $3s^2 3p^3$,p 轨道半充满,为稳定结构。故答案 B 正确。

例 5.8 M^{3+} 和 F^- 有相同的电子构型,则基态 M 原子的核外电子排布为________,该元素名称为________。

解:F^- 的电子构型为:$1s^2 2s^2 2p^6$,则 M 的电子构型为:$1s^2 2s^2 2p^6 3s^2 3p^1$,该元素是铝。

例 5.9 写出原子序数 Z 为 24,29 的元素基态原子核外电子排布式,并写出该元素中文名称、元素符号及其在周期表中的位置。

解:$Z=24$ 时,电子排布式为:$1s^2 2s^2 2p^6 3s^2 3p^6 3d^5 4s^1$,铬,符号为 Cr,位于第四周期,第ⅥB 族,d 区。

$Z=29$ 时,电子排布式为:$1s^2 2s^2 2p^6 3s^2 3p^6 3d^{10} 4s^1$,铜,Cu,位于第四周期,第ⅠB 族,ds 区。

例 5.10 比较下列各元素的性质:

(1)Si,S 原子半径、电离能、电负性;

(2)Cl,Br 原子半径、电离能、电负性;

(3)Nb,Ta 原子半径。

解:同一周期:从左至右,原子半径逐渐减小,电离能逐渐增大,电负性递增。同一主族:从上到下,原子半径递增,电离能递减,电负性递减;因此,

原子半径:Si>S,Br>Cl

电离能:S>Si,Cl>Br

电负性:S>Si ,Cl>Br

由于镧系收缩的影响,Nb 的原子半径与 Ta 相近。

例 5.11 为什么 H 表现出与 Li 和 F 相似的性质?

解:基态氢原子核外电子排布为 $1s^1$,既能失去 1 个电子变为 $1s^0$,此性质类似

于 Li,又能得到 1 个电子变为 $1s^2$,此性质类似于 F。

三、自我检查

5.1 可证明电子能级量子化的实验是:

A. 阴极射线; B. 连续的分子吸收光谱;

C. 线状的原子发射光谱; D. 电子衍射。

5.2 下列各组量子数,合理的为:

A. $n=2$、$l=1$、$m=0$、$m_s=+\frac{1}{2}$;

B. $n=3$、$l=3$、$m=-1$、$m_s=-\frac{1}{2}$;

C. $n=3$、$l=0$、$m=0$、$m_s=0$;

D. $n=2$、$l=0$、$m=+1$、$m_s=-\frac{1}{2}$。

5.3 一多电子原子中,能量最高的电子是:

A. 3,1,1,−1/2; B. 3,1,0,−1/2;

C. 4,1,1,−1/2; D. 4,2,−2,−1/2。

5.4 某元素基态原子的电子构型为[Ar]$3d^5 4s^2$,它在周期表中的位置是:

A. s 区,ⅡA; B. s 区,ⅤA;

C. d 区,ⅡB; D. d 区,ⅦB。

5.5 电子钻穿效应越大,则:

A. 原子的能量越高; B. 原子的能量越低;

C. 轨道能量越高; D. 轨道能量越低。

5.6 下列叙述错误的是:

A. Ψ^2 表示电子的概率密度;

B. Ψ^2 在空间分布的形象化图像称为电子云;

C. 基态氢原子中,$r=53$ pm 的薄球壳内,Ψ^2 最大;

D. Ψ^2 表示电子在空间某点附近单位微体积内出现的几率。

5.7 有关基态氢原子的玻尔半径为 52.9 pm 的说法,正确的是:

A. 氢原子中 1s 电子在距核 52.9 pm 处做圆周运动;

B. 在距核 52.9 pm 的薄球壳内 1s 电子出现的几率最大;

C. 在距核 52.9 pm 的薄球壳内 1s 电子出现的几率密度最大;

D. 氢原子中 1s 电子在距核 52.9 pm 处 Ψ 值最大。

5.8 下列元素，原子半径大小排列顺序正确的是：

A. Si<N<P； B. N<P<Si；

C. N<Si<P； D. P<Si<N。

5.9 下列元素，第一电离能最大的是：

A. 钠； B. 镁； C. 铝； D. 钾。

5.10 由于镧系收缩作用，性质相似的一对元素为：

A. Mn 和 Sc； B. Ru 和 Rh；

C. Mo 和 W； D. Y 和 La。

5.11 下列离子中外层 d 轨道达半充满状态的是：

A. Cr^{3+}； B. Fe^{3+}； C. Co^{3+}； D. Cu^{+}。

5.12 下列各组原子，电负性大小次序正确的是：

A. S<N<O<F； B. S<O<N<F；

C. Si<Na<Mg<Al； D Br<H<Zn<Si。

5.13 描述基态 S 原子的两个未成对的 3p 电子的各组量子数中，正确的是：

A. 3，1，－1，＋1/2；3，1，－1，－1/2；

B. 3，1，＋1，－1/2；3，1，＋1，＋1/2；

C. 3，1，－1，＋1/2；3，1，0，－1/2；

D. 3，1，－1，＋1/2；3，1，＋1，＋1/2。

5.14 24 号元素基态原子核外电子排布式为__________，该元素位于周期表_______周期、______族；其＋3 价离子核外电子排布式为__________。

5.15 某元素基态原子，有量子数为 $n=4$、$l=0$、$m=0$ 的一个电子和 $n=3$、$l=2$ 的 10 个电子，该元素的价电子构型为_______，位于周期表第______周期______族。

5.16 B、C、N、O 四种元素，第一电离能最大的是______，原子电负性最大的是______，原子半径最大的是__________。

5.17 周期表中，一个周期最多容纳的元素数为________。第七周期含________个元素。

5.18 元素周期表可分为____，____，____，____，____五个区，各区元素基态原子的价电子构型分别为____，____，____，____，____。

自我检查参考答案

5.1 C 5.2 A 5.3 D 5.4 D 5.5 D 5.6 C 5.7 B 5.8 B 5.9 B

5.10 C 5.11 B 5.12 A 5.13 D

5.14 $1s^2 2s^2 2p^6 3s^2 3p^6 3d^5 4s^1$； 4；ⅥB； $1s^2 2s^2 2p^6 3s^2 3p^6 3d^3$

5.15 $3d^{10}4s^1$； 4； ⅠB

5.16 N； O； B

5.17 能级组中最多容纳电子数;32

5.18 s; p; d; ds; f; $ns^{1\sim2}$； $ns^2np^{1\sim6}$； $(n-1)d^{1\sim9}ns^{1\sim2}$； $(n-1)d^{10}ns^{1\sim2}$；
$(n-2)f^{1\sim14}(n-1)d^{0\sim1}ns^2$

四、习题答案

5.1 原子发射光谱,电子衍射

5.2 确定,动量,不确定,轨道

5.3 (2),(4)正确

5.4 波函数,电子的几率密度

5.5 (1)

5.6 (1)4s； (2)3p； (3)2s； (4)5f

5.7

	n	l	m	m_s
1	2	0	0	+1/2
2	2	0	0	− 1/2
3	2	1	0	+1/2
4	2	1	+1	+1/2
5	2	1	−1	+1/2

(3、4、5 三个电子,m_s 或均为−1/2)

5.8 (3)

5.9 He^+ $E(3s)=E(3p)=E(3d)<E(4s)$

K $E(3s)<E(3p)<E(4s)<E(3d)$

Mn $E(3s)<E(3p)<E(3d)<E(4s)$

5.11 4s,3d,4p

5.12 能级组,外层电子结构,主族元素基态原子内层轨道,或全满,或全空(稳定构型)

5.13 一,二,三主族元素,第三副族及镧系元素,第六周期镧后元素

5.14 He>H,Ba>Sr,Ca>Sc,Cu>Ni,La>Y,Zr>Ti,Zr>Hf

5.15 (3),(2)

5.16 47;21

5.17 Mg失去2个最外层s电子后成稳定的电子构型，故 I_3 明显大于 I_2，常见氧化数为+2；Al失去3个最外层电子后成稳定的电子构型，故 I_4 明显大于 I_3，常见氧化数为+3。Mg元素第一、第二电离能之和小于Al元素第一、第二、第三电离能之和，所以气态Mg原子的金属性强于Al。

5.18 (1)Ca； (2)He； (3)Al

5.19 (1)Ⅷ，d区；(2)ⅢA，p区；(3)ⅠB，ds区；(4)0，p区

5.20 (1)第三周期，0族；(2)第四周期，ⅤA；(3)第五周期，ⅡB；
(4)第五周期，ⅥB； (5)第五周期，ⅢA

5.21 $1s^2 2s^2 2p^6 3s^2 3p^6 3d^5 4s^1$；4；ⅥB；$1s^2 2s^2 2p^6 3s^2 3p^6 3d^3$

5.22 $3d^{10} 4s^1$；4；ⅠB

5.23 Fe；Br；$FeBr_2$；$FeBr_3$

5.24 有2个转折点 Be→B和N→O

Be $1s^2 2s^2$；B $1s^2 2p^1$；N：$1s^2 2s^2 2p^3$；O：$1s^2 2s^2 2p^4$ 从电子构型可以看出，基态Be和N原子中，2p轨道分别为全空和半充满状态，根据洪特规则，此时元素的能量较低。

5.25 a，$1s^2 2s^2 2p^6 3s^1$；
b，$1s^2 2s^1$；
d，$1s^2 2s^2 2p^2$

5.26 2，$1s^2 2s^2 2p^4$

第6章　化学键与分子结构

本章主要介绍化学键、分子空间构型、分子间力以及分子结构与物质的宏观性质的关系。

一、内容提要

1.离子键与离子型晶体

离子键理论包含两个要点。

①一定条件下，具有较小电离能的活泼金属原子与具有较大电子亲合能的活泼非金属原子之间可发生电子的转移：金属原子失去电子形成带正电荷的阳离子，非金属原子得到金属原子失去的电子形成带负电荷的阴离子。

②阳离子和阴离子在静电力作用下，相互吸引、靠近、紧密堆积，过程中放出能量，形成离子键和离子型晶体。

离子键没有方向性、没有饱和性。

离子键的强弱常用晶格能数据来衡量。气态阳离子与气态阴离子结合成一摩尔固体离子化合物时所放出的能量称为离子晶体的晶格能(U)。

影响晶格能的主要结构因素有离子晶体的类型、离子电荷和离子半径。对于相同类型的离子晶体，离子电荷越高、离子半径越小，则晶格能越大，其中离子电荷高低对离子晶体晶格能的影响往往比离子半径更为明显。晶格能的大小影响离子晶体的熔点、硬度等性质。

2.共价键的价键理论和轨道杂化理论要点

(1)价键理论要点

①形成共价键时，仅成键原子的外层轨道及其中的电子参加作用。

②原子相互接近时，外层能量相近、且含有自旋相反的未成对电子的轨道发生重叠，核间电子几率密度增大，系统能量降低，从而形成共价键。故共价键的本质是原子轨道的重叠。

(2)共价键的特征

①饱和性：每种元素的原子所能提供的成键轨道数以及在形成分子时所能提供的未成对电子数是确定的，所以原子能够最多形成共价键的数目也是确定的，即共价键具有饱和性。对于价电子数小于、等于成键轨道数的原子，成键轨道中的成

对电子可被激发至空轨道，形成未成对电子以形成共价键。对于成键电子数大于成键轨道数的原子，成键后分子中必含有孤对电子。

②形成共价键时，轨道间总是尽可能最大限度地重叠。由于原子轨道（s 轨道除外）在空间有一定伸展方向，故成键时轨道总是尽量沿着电子几率密度最大的方向重叠，即共价键具有方向性。共价键的方向性决定了共价化合物分子具有一定的空间构型。

（3）共价键的类型

根据成键时原子轨道的重叠方式，共价键可分为 σ 键和 π 键。原子轨道沿电子几率密度最大方向进行的“头碰头”方式的重叠所形成的共价键称为 σ 键。相互平行的两个原子轨道间以“肩并肩”的方式重叠，形成的共价键称为 π 键。σ 键原子轨道重叠程度最大，键能较高，形成的化学键较稳定；π 键未能实现轨道的最大重叠，电子云分布在键轴平面两侧，在外电场的作用下变形性、流动性大，键能一般较 σ 键低，易发生化学反应。

（4）轨道杂化理论要点

①同一原子内能量相近的、不同类型的价层原子轨道可以相互叠加，形成成键能力更强的新轨道，即杂化轨道。

②参加杂化的轨道数目与形成的杂化轨道数目相等，但杂化轨道的电子云分布、方向等与原轨道不同。杂化轨道以电子云密度较大的一端参加成键作用，使轨道重叠程度大，且成键电子对以及孤电子对之间空间距离较大，斥力较小，化学键较稳定。

中心原子的杂化类型决定了分子的空间骨架，所以杂化轨道理论可成功地解释分子或配离子的空间构型，进而说明分子的极性。杂化轨道的基本类型有 sp，sp^2，sp^3，dsp^2，sp^3d，dsp^3，sp^3d^2，d^2sp^3 等，它们的空间构型分别为直线形、正三角形、正四面体形、正方形、三角双锥、三角双锥、正八面体、正八面体。

对于无内层 d 轨道参加杂化的元素原子，一般可依据“杂化轨道数＝σ 键数＋孤电子对数”这一经验规律判断杂化轨道类型。具体做法为：首先确定中心原子价电子数；根据与其成键的原子数确定 σ 键数，再根据是否为双键、三键确定中心原子提供的成键电子数；中心原子价电子数减去成键电子数之半即为孤电子对数，进而可计算出杂化轨道数，从而判断杂化轨道类型。如在 CO_2 分子中，中心原子 C，价电子数 4，与 2 个 O 原子以 2 个 σ 键、2 个 π 键结合，故 C 提供的成键电子数＝4，4－4＝0，孤电子对数＝0，得杂化轨道数＝2＋0＝2，故 C 原子 sp 杂化。读者可利用下表熟练此方法。

中心原子的杂化轨道类型与分子的空间构型

实例	σ 键数	孤对电子数	杂化轨道数	杂化类型	分子构型
CO_2，$BeCl_2$，$HgCl_2$，Hg_2Cl_2，C_2H_2	2	0	2	sp	直线形
SO_3，BF_3，C_2H_4	3	0	3	sp^2	平面三角形
BF_4^-，CH_4，SiF_4，NH_4^+	4	0	4	sp^3	正四面体
NH_3，PCl_3，H_3O^+	3	1	4	sp^3 不等性	三角锥
OF_2，H_2O	2	2	4	sp^3 不等性	V 形
PCl_5	5	0	5	sp^3d	三角双锥
SF_6	6	0	6	sp^3d^2	正八面体

3.分子的极性

根据成键两原子的电负性差 $\Delta\chi$，化学键分为极性键（$\Delta\chi \neq 0$）和非极性键（$\Delta\chi = 0$）。

分子的极性主要由组成分子的化学键的极性大小和分子的空间构型是否中心对称来决定。分子极性大小用偶极矩 μ 来衡量，极性分子的偶极矩 $\mu > 0$，非极性分子的偶极矩 $\mu = 0$。

4.分子间力与氢键

分子间作用力一般包括色散力、诱导力和取向力（统称为范德华力），色散力存在于所有分子间；诱导力存在于极性分子间和极性与非极性分子间；取向力只存在于极性分子间。

一般来讲，分子间力以色散力为主。分子的变形性越大，色散力越大。对于化学性质相似的同类分子，摩尔质量越大，分子间色散力越大。

分子间力主要影响物质的物理性质，如熔点、沸点、硬度、在不同溶剂中的溶解性等。一般来说，分子间力越大，物质的熔、沸点越高。

在 X-H（X：N、O、F 等电负性大的原子）极性键中的 H 原子还能吸引另一电负性大、半径小的 Y（N、O、F 等）原子，形成氢键 X-H…Y。氢键存在于水、醇、酚、酸、氨基酸、蛋白质等化合物中。若分子间有氢键，物质的熔、沸点显著升高，而分子内氢键常使物质的熔、沸点低于同类化合物。

二、典型例题解析

例 6.1 Na 元素第一电离能 $I_1=494\ kJ\cdot mol^{-1}$，Cl 元素第一电子亲合能 $Y_1=366\ kJ\cdot mol^{-1}$，$E=I_1-Y_1=128\ kJ\cdot mol^{-1}>0$。试解释为何气态 Na 原子与 Cl 原子在 $E>0$ 条件下仍能化合为稳定的 NaCl 晶体？

解：

虽然 $E>0$，但 $Na^+(g)$与 $Cl^-(g)$在静电力作用下，相互吸引，紧密堆积，在形成 NaCl 晶体过程中，放出大量晶格能，$U(NaCl)=-786.5\ kJ\cdot mol^{-1}$，故整个过程是放出能量的过程，因此可以形成稳定的 NaCl 晶体。

例 6.2 MgO、CaO、SrO、BaO 均为 NaCl 型离子晶体。试比较它们的晶格能大小和熔点高低。

解：

对同种类型的离子晶体，晶格能与离子电荷、离子半径有关。此四种化合物中，离子电荷相同，阴离子半径相同，可根据阳离子半径大小判断晶格能得高低。离子半径按 Mg^{2+}、Ca^{2+}、Sr^{2+}、Ba^{2+} 顺序增大，所以按 MgO、CaO、SrO、BaO 顺序，晶格能降低，熔点降低。

例 6.3 写出 Ti^{3+}、Ti^{4+} 核外电子排布，并预测二者的氧化还原性。

解：

基态 Ti 原子的核外电子排布为：$1s^2 2s^2 2p^6 3s^2 3p^6 3d^2 4s^2$。原子在失去电子形成阳离子时，总是首先失去能量最高的电子，故 Ti 原子失电子顺序为：4s、3d。所以，二离子核外电子排布分别为：

Ti^{3+}：$1s^2 2s^2 2p^6 3s^2 3p^6 3d^1$

Ti^{4+}：$1s^2 2s^2 2p^6 3s^2 3p^6$

Ti^{4+} 中，3d 轨道全空，是较稳定的结构，故其氧化性差，而 Ti^{3+} 具有较强的还原性。

例 6.4 实验测得在 KF 中，钾离子、氟离子半径均为 134 pm。试比较钾、氟原子半径大小。

解：

由于电子数增多，电子间屏蔽作用增大，所以阴离子半径大于原子半径；由于电子数减少，电子间屏蔽作用减弱，所以阳离子半径小于原子半径。故钾原子半径大于氟。

例 6.5 O 和 S 同属第六主族元素，基态原子未成对电子数均为 2，但与 F 化合，O 元素只能形成 2 配位的 OF_2，S 元素却可形成 4 配位的 SF_4、6 配位的 SF_6。

试分析其原因。

解：

O 属于第二周期元素。第二周期元素成键轨道为 2s，2p，共 4 条；S 属于第三周期元素。第三周期元素成键轨道为 3s、3p、3d，共 9 条。因此，第二周期元素的最高配位数低于同族元素。

例 6.6　C 和 Si 为同族元素，但其氧化物 CO_2 和 SiO_2 性质却差异极大，为什么？

解：

C 和 O 均为第二周期元素。第二周期元素的原子半径较小，形成化合物时，二原子能充分接近，2p 轨道之间可形成较稳定的 p-p π 键。故 C 与 O 原子间可以一条 sp-p σ 键和一条 p-p π 键稳定结合，形成 CO_2 有限小分子，其晶体属于分子晶体。Si 为第三周期元素，原子半径较大，3p 轨道离原子核较远，原子间形成的 p-p π 键稳定性较差。故 Si 原子以 4 条 sp^3 杂化轨道与 4 个 O 原子以 σ 键结合，每个 O 原子结合 2 个 Si 原子，形成 SiO_2 原子型晶体。由于二者晶体类型不同，所以性质差异显著。

例 6.7　乙炔分子中，碳原子之间的化学键为：

A. 2 条 p-p σ 键，1 条 p-p π 键；

B. 2 条 sp-sp σ 键，1 条 p-p π 键；

C. 1 条 sp-sp σ 键，2 条 p-p π 键；

D. 2 条 sp^2-sp^2 π 键，1 条 p-p σ 键。

解：

基态 C 原子，价电子数为 4。乙炔分子中，每个 C 原子以 2 条 σ 键分别结合一个 H、一个 C 原子，σ 键数为 2；C 原子间以 3 键结合，故每个 C 原子提供成键电子数为 4 个，无孤对电子。σ 键数＋孤电子对数为 2，可知，C 原子为 sp 杂化。所以，答案 C 正确。

例 6.8　下列分子，偶极矩等于 0 的为：

A. NF_3；　B. HCN；　C. $SnCl_2$；　D. PCl_5。

解：

NF_3：中心原子 N，价电子数为 5，以 3 条 σ 键与 3 个 F 原子结合，σ 键数为 3；N，F 原子间单键结合，故 N 原子提供的成键电子数为 3，孤电子对数为 1，可知 N 原子非等性 sp^3 杂化，NF_3 为三角锥形，无中心对称，是极性分子，故答案 A 不正确；

HCN：中心原子 C，价电子数为 4，以 2 条 σ 键分别结合 H 和 N 原子，σ 键数为 2；C，N 间三键结合，故 C 原子提供的成键电子数为 4，无孤对电子，可知 C 原子 sp

杂化，HCN分子为直线形。由于C—H，C—N均为极性键，但键矩不同，HCN为极性分子，故答案B不正确；

$SnCl_2$：中心原子Sn，价电子数为4，以2条σ键分别结合2个Cl原子，σ键数为2；Sn，Cl原子间单键结合，故Sn原子提供的成键电子数为2，Sn上有1孤电子对。σ键数＋孤电子对数为3，可知Sn原子非等性sp^2杂化，$SnCl_2$为V形结构，无中心对称，是极性分子，故答案C不正确；

PCl_5：中心原子P，价电子数为5，以5条σ键与5个Cl原子结合，σ键数为5；P，Cl原子间单键结合，故P原子提供的成键电子数为5，孤电子对数为0，可知P原子等性sp^3d杂化，PCl_5为三角双锥构型，中心对称，为非极性分子，故答案D正确。

例6.9 下列物质（1）CaO；（2）MgO；（3）NH_3；（4）PH_3熔点由高到低的顺序为：

A.（1）＞（2）＞（3）＞（4）； B.（2）＞（1）＞（3）＞（4）；

C.（2）＞（1）＞（4）＞（3）； D.（1）＞（2）＞（4）＞（3）。

解：

CaO和MgO为离子型晶体，NH_3和PH_3为分子型晶体，前二者熔点显著高于后二者；

CaO、MgO均为NaCl型晶体。Mg离子半径小于Ca离子半径，故MgO晶格能较高，熔点高于CaO；

NH_3和PH_3为化学相似的同系物。由于NH_3分子间存在氢键，故熔点高于PH_3。故答案B正确。

例6.10 HF、HCl、HBr、HI四种卤化氢，分子极性依次递增的顺序为__________，分子间取向力依次递增的顺序为__________，色散力依次递增的顺序为__________，沸点依次递增的顺序为__________，酸性依次递增的顺序为__________。

解：

双原子分子的偶极矩即化学键的键矩。卤素原子电负性依原子序数增大而减小，故卤化氢分子极性依次递增的顺序为：HI、HBr、HCl、HF，分子间取向力依次递增的顺序为HI、HBr、HCl、HF。

化学相似的同系物，摩尔质量越大，分子变形性越大，分子间色散力越大，故卤化氢分子间色散力依次增大的顺序为：HF，HCl，HBr，HI。

由于HF分子间存在氢键，又色散力依HCl，HBr，HI顺序增大，故卤化氢沸点依次递增的顺序为：HCl，HBr，HI，HF。

非金属氢化物H_mX，X电荷越低、半径越大，酸性越强。故卤化氢酸性依次递增的顺序为 HF，HCl，HBr，HI。

例 6.11　试判断 F_2CCCF_2 分子中每个 C 原子成键轨道类型，并说明 3 个 C 原子是否在一条直线上？左、右 2 个 F-C-F 平面有何关系？

解：

中心 C 原子 sp 杂化，两端 2 个 C 原子均 sp^2 杂化。中心 C 原子分别与两端 2 个 C 原子以 1 条 sp-sp^2 σ 键和 1 条 p_y-p_y π 键、1 条 sp-sp^2 σ 键和 1 条 p_z-p_z π 键键合，3 个 C 原子在一条直线上。两端 C 原子分别利用 2 条 sp^2 杂化轨道与 F 原子以 σ 键键合。左、右 2 个 F-C-F 平面相互垂直。其结构简式如下：

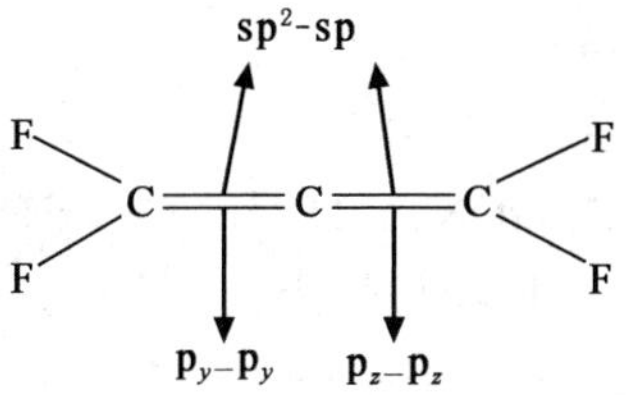

例 6.12　试指出稀有气体 He、Ne、Ar、Kr、Xe 在水中溶解度大小的顺序。

解：

稀有气体均为非极性分子，与水分子以色散力和诱导力作用。色散力、诱导力均与分子变形性有关。随稀有气体摩尔质量递增，分子变形性增大，与水分子间的色散力、诱导力增大，溶解度增大。

三、自我检查

6.1　离子晶体 AB 的晶格能等于：

A. A-B 间离子键的键能；

B. A 离子与相邻 B 离子间的势能；

C. 1 mol 气态 A 离子与 1 mol 气态 B 离子结合成 1 mol AB 晶体时放出的能量；

D. 1 mol 气态 A 原子与 1 mol 气态 B 原子形成 1 mol AB 晶体时放出的能量。

6.2　Pb^{2+}、Pb^{4+} 电子构型分别属于：

A. 8、18；　B. 18+2、18；　C. 18、18+2；　D. 18、9～17。

6.3　下列化合物中，不可能存在的是：

A. SF_6；　　B. SF_4；

C. OF_6；　　D. SiF_6^{2-}。

6.4 下列化合物熔点高低顺序为：

A. $SiCl_4$＞KCl＞$SiBr_4$＞KBr； B. KCl＞KBr＞$SiBr_4$＞$SiCl_4$；

C. $SiBr_4$＞$SiCl_4$＞KBr＞KCl； D. KCl＞KBr＞$SiCl_4$＞$SiBr_4$。

6.5 在 CH_3—C≡C—Br 分子中，C-Br 之间的化学键是：

A. sp-p σ 键； B. sp^2-pσ 键； C. sp-s σ 键； D. sp^2-sσ 键。

6.6 乙烯分子中，碳原子之间的化学键为：

A. 1 条 p-p σ 键，1 条 p-p π 键；

B. 1 条 sp-sp σ 键，1 条 p-p π 键；

C. 1 条 sp^2-sp^2 σ 键，1 条 p-p π 键；

D. 1 条 sp^2-sp^2 π 键，1 条 p-p σ 键。

6.7 下列分子，属于直线构型的为：

A. $PbCl_2$； B. OF_2； C. HCN； D. $CH_3CH_2CH_3$。

6.8 下列分子，属于三角形构型的为：

A. PH_3； B. BF_3； C. NF_3； D. SF_2。

6.9 下列分子，属于四面体构型的为：

A. SF_4； B. $CHCl_3$； C. NF_3； D. AsH_3。

6.10 下列分子，属于三角锥构型的为：

A. H_3O^+； B. CH_4； C. $SnCl_4$； D. NH_4^+。

6.11 下列分子，属于三角双锥构型的为：

A. PCl_5； B. SF_6； C. PF_6^-； D. NH_4^+。

6.12 下列分子，属于八面体构型的为：

A. PCl_5； B. SF_6； C. SF_4； D. C_2H_6。

6.13 分子间只存在色散力的为：

A. CS_2； B. OF_2； C. SO_2； D. $SnCl_2$。

6.14 Ti^{3+}、Ti^{4+}，离子半径较小的是________，原因为________。

6.15 钠的卤化物，随摩尔质量递增，熔点______，原因为______；硅的卤化物，随摩尔质量递增，熔点______，原因为______。

6.16 下列化合物 BF_3、CCl_4、NH_3、H_2O、CO_2，分子中键角由小到大的顺序是：____________。

6.17 下列分子中，右上角带 * 的原子成键时使用的杂化轨道分别为：

C^*O_2：_________；H_2C^*O：_________；O^*F_2：_________；Si^*O_2：_________；S^*F_6：__________。

6.18 NH_3、PH_3、AsH_3 三物质，分子间取向力依次递增的顺序为

________,色散力依次递增的顺序为________,沸点依次递增的顺序为________,酸性依次递增的顺序为________。

6.19　NH_3 在水中溶解度远远大于 PH_3,一重要原因是________。

6.20　A、B 两元素同属第三周期,A 元素单质在常温时为气体,其电负性较大,B 元素的核外价电子数比 A 元素少 2 个,则 A 元素符号为______,B 元素为______,A、B 元素间形成的化合物有________,其分子空间构型为________。

6.21　在 $T=300$ K、$p=101.3$ kPa 时,HF(g)的密度为 3.22 g·L^{-1}。计算其摩尔质量。计算结果与 M(HF)理论值是否相符?试解释之。已知 M(HF)=20 g·mol^{-1}。

6.22　H_2CO_3、$NaHCO_3$、Na_2CO_3,热稳定性依次增强,为什么?

6.23　NaCl 与 CuCl 同为金属卤化物,并且 Na^+ 与 Cu^+ 半径相近(Na^+ 为 9.8 nm,Cu^+ 为 10.0 nm),但是 CuCl 在水中溶解度比 NaCl 小得多。试用离子极化的概念加以解释。

6.24　根据分子轨道理论,比较在 O_2^{2-} 和 O_2 中,键长、键能的大小。

自我检查参考答案

6.1 C　6.2 B　6.3 C　6.4 B　6.5 A　6.6 C　6.7 C　6.8 B　6.9 B

6.10 A　6.11 A　6.12 B　6.13 A

6.14　Ti^{4+};　电子间屏蔽作用较小

6.15　降低;　阴离子半径增大,晶格能降低;　增高,分子变形性增大,色散力增大

6.16　H_2O(≈104.5°)、NH_3(≈107.5°)、CCl_4(≈109.5°)、BF_3(120°)、CO_2(180°)

6.17　sp;　sp^2;　非等性 sp^3;　sp^3;　sp^3d^2

6.18　AsH_3、PH_3、NH_3;　NH_3、PH_3、AsH_3;　PH_3、AsH_3、NH_3;　NH_3、PH_3、AsH_3

6.19　NH_3 与水形成分子间氢键

6.20　Cl;P;PCl_3 和 PCl_5;三角锥形和三角双锥形

6.21　79.3 g·mol^{-1}。由于 HF 分子间氢键使 HF 缔合为$(HF)_4$

6.22　同种含氧酸及其盐,酸根给出氧离子能力相同,因此阳离子夺取氧离子能力越强,其热稳定性越差。氢离子半径最小,电荷密度高,与氧离子结合力强,故同种含氧酸盐及其酸的热稳定性顺序为:正盐>酸式盐>酸。

6.23　Na^+ 及 Cu^+ 在各自分子中的极化力和被极化程度不同,导致化学键中离子键和共价键的成分发生差异。

分子中阳离子的极化力主要与阳离子的电荷数、离子的半径及离子的电子

层结构有关。阳离子的电荷数越高，极化力越强；阳离子电荷数相同时，离子半径越小，则其离子极化力越强。阳离子电荷数相等、离子半径又十分相近时，其极化力取决于离子的电子层结构。其结构若属于 18 电子或 18＋2 电子的，则离子极化力强；若属 9～17 电子的，则离子极化力较强；若属 8 电子的，那么离子极化力最弱。

Na^+ 与 Cu^+ 的电荷数均为＋1，离子半径又十分接近；但 Na^+ 为 8 电子结构；而 Cu^+ 属 18 电子结构。因此，Na^+ 极化力小，而 Cu^+ 极化力极强。此外，Na^+ 的电子层结构中无 d 电子，而 Cu^+ 中有 10 个 3d 电子存在，一般认为 d 轨道易变形，所以 Cu^+ 又比 Na^+ 易变形。那么，NaCl 分子本身离子极化作用极弱，而在 CuCl 分子中不但存在着强的离子极化作用，而且还存在着附加极化作用——阳离子对阴离子极化，阴离子对阳离子的极化。所以 NaCl 是典型的离子型化合物，而 CuCl 分子化学键中含有较多的共价键成分。因此，NaCl 与 CuCl 在性质上也有较大差异，例如 NaCl 水溶性极好，而 CuCl 却是难溶物质。

6.24 O_2^{2-}，键级＝1，O_2，键级＝2，故 O_2 分子中，键长较小，键能较高

四、习题答案

6.1 (1)错。在形成离子晶体时，有比较大的晶格能可以补充形成离子时所需要的能量。

(2)错。离子晶体晶格能大小不仅与离子电荷、离子半径有关，还与晶体的类型有关。

(3)错。价电子数小于或等于价轨道数的原子，成键时原子中的成对电子可被激发至空的价轨道成为未成对电子以形成共价键。

(4)错。共价多重键中，必有一条 σ 键。

(5)对。双键中有一条 σ 键和一条 π 键，π 键的键能一般小于 σ 键。

(6)错。sp^3 杂化指一条 ns 轨道与三条 np 轨道间的混杂

6.2 离子，MgO＞CaO＞SrO＞BaO， $BaCO_3$＞$SrCO_3$＞$CaCO_3$＞$MgCO_3$

6.3

Fe^{2+}：[Ar]$3d^6$	9～17
Fe^{3+}：[Ar]$3d^5$	9～17
Pb^{2+}：[Xe]$4f^{14}5d^{10}6s^2$	18＋2
Sn^{4+}：[Kr]$4d^{10}$	18
Al^{3+}：[He]$2s^2 2p^6$	8
S^{2-}：[Ne]$3s^2 3p^6$	8
Hg^{2+}：[Xe]$4f^{14}5d^{10}$	18

6.4　OF_2:不等性 sp^3 杂化,V 形,极性;

NF_3:不等性 sp^3 杂化,三角锥,极性;

BH_3:等性 sp^2 杂化,正三角形,非极性;

$SiCl_4$:等性 sp^3 杂化,正四面体,非极性;

NH_3:不等性 sp^3 杂化,三角锥,极性;

NH_4^+:不等性 sp^3 杂化,正四面体,非极性;

HCN:等性 sp 杂化,直线形,极性;

PCl_3:不等性 sp^3 杂化,三角锥,极性;

PCl_5:sp^3d 杂化,三角双锥,非极性;

CS_2:sp 杂化,直线形,非极性;

$SnCl_2$:不等性 sp^2 杂化,V 形,极性。

6.5　C_2H_6:sp^3; C_2H_4:sp^2;

CH_3CCH:sp^3 sp sp;

CH_3CH_2OH:sp^3; H_2CO:sp^2; $COCl_2$:sp^2

6.6　O_2:$(\sigma_{1s})^2(\sigma_{1s}^*)^2(\sigma_{2s})^2(\sigma_{2s}^*)^2(\sigma_{2px})^2(\pi_{2py})^2(\pi_{2pz})^2(\pi_{2py}^*)^1(\pi_{2pz}^*)^1$,顺磁性,键级=2

O_2^{2-}:$(\sigma_{1s})^2(\sigma_{1s}^*)^2(\sigma_{2s})^2(\sigma_{2s}^*)^2(\sigma_{2px})^2(\pi_{2py})^2(\pi_{2pz})^2(\pi_{2py}^*)^2(\pi_{2pz}^*)^2$,反磁性,键级=1

O_2^+:$(\sigma_{1s})^2(\sigma_{1s}^*)^2(\sigma_{2s})^2(\sigma_{2s}^*)^2(\sigma_{2px})^2(\pi_{2py})^2(\pi_{2pz})^2(\pi_{2py}^*)^1$,顺磁性,键级=2.5

N_2:$(\sigma_{1s})^2(\sigma_{1s}^*)^2(\sigma_{2s})^2(\sigma_{2s}^*)^2(\pi_{2py})^2(\pi_{2pz})^2(\sigma_{2px})^2$,反磁性,键级=3

N_2^{2-}:$(\sigma_{1s})^2(\sigma_{1s}^*)^2(\sigma_{2s})^2(\sigma_{2s}^*)^2(\pi_{2py})^2(\pi_{2pz})^2(\sigma_{2px})^2(\pi_{2py}^*)^1(\pi_{2pz}^*)^1$,顺磁性,键级=2

6.7　HF HCl HBr HI; HF HCl HBr HI; HI HBr HCl HF; HF HI HBr HCl

6.8　(1)～ c; (2)～ d; (3)～ a; (4)～ b

6.9　(1)Fe^{3+}电荷高、半径小,极化力大于 Fe^{2+};

(2)Zn^{2+} 18 电子构型,极化力、变形性大于 Ca^{2+};

(3)Cd^{2+} 18 电子构型,极化力、变形性大于 Mn^{2+}

6.10　ClO^-,ClO_2^-,ClO_3^-,ClO_4^-

6.11　HClO 酸性强于 HBrO。成酸元素原子电负性大,含氧酸酸性强

6.12　Cu^+为 18 电子构型,K^+为 8 电子构型,极化力为 $Cu^+ > K^+$,Cu-Cl 较

K-Cl离子性减弱，共价性增强，所以CuCl比KCl在水中溶解度小。

6.13 1.离子键；2.色散力、取向力、诱导力和氢键；3.共价键；4.色散力。

6.14 在金刚石中每个碳原子都以 sp^3 杂化轨道与邻近的4个碳原子以共价键相连，所以金刚石硬度高，熔点也很高。

在石墨中每个碳原子以 sp^2 杂化轨道与邻近的3个碳原子以共价键相连，每个碳原子未参与杂化的1个p电子形成一个大的π键，这些离域电子使得石墨具有良好的导电性。石墨层与层之间以分子间作用力结合，易于滑动，所以石墨具有润滑性。

6.15 (1) $HClO_4$； (2) CH_2FCOOH； (3) H_2SO_3

6.16 sp^2，sp，sp^2；直线

第7章　酸碱反应

一、内容提要

1.酸碱质子理论

凡是在一定条件下能给出质子的物质是酸，能接受质子的物质是碱，既能给出质子又能接受质子的物质是两性物质。质子理论不仅适用于水溶液，也适用于非水体系。

$$HB = H^+ + B^-$$

其中，HB 称为 B^- 的共轭酸，B^- 称为 HB 的共轭碱，HB-B^- 称为共轭酸碱对，共轭酸碱在组成上相差一个质子。

酸碱反应是两个共轭酸碱对之间质子的转移作用。

2.水溶液中一些重要的酸碱反应

(1)水的质子自递反应

水是两性物质，既能给出质子，也能接受质子：

$$H_2O + H_2O = H_3O^+ + OH^-$$

或简写为：

$$H_2O = H^+ + OH^-$$

反应的标准平衡常数 $K_w^\ominus$ 称为水的质子自递常数(或称水的离子积)：

$$K_w^\ominus = \{c(H^+)/c^\ominus\}\{c(OH^-)/c^\ominus\}$$

常温下 $K_w^\ominus$ 一般取 1.0×10^{-14}。

(2)一元弱酸(碱)在水溶液中的离解反应

此类反应是弱酸或弱碱与水分子之间的质子转移反应：

$$HB + H_2O = H_3O^+ + B^-$$

$$K_a^\ominus = \frac{\{c(H^+)/c^\ominus\}\cdot\{c(B^-)/c^\ominus\}}{c(HB)/c^\ominus}$$

$$B^- + H_2O = HB + OH^-$$

$$K_b^\ominus=\frac{\{c(OH^-)/c^\ominus\}\cdot\{c(HB)/c^\ominus\}}{c(B^-)/c^\ominus}$$

其中，$K_a^\ominus$、$K_b^\ominus$ 分别称为弱酸、弱碱的离解常数。离解常数的大小反映了弱酸(碱)在水溶液中的离解趋势的大小。共轭酸碱离解常数之间关系为：$K_a^\ominus(HB)\cdot K_b^\ominus(B^-)=K_w^\ominus$。

弱一元酸水溶液酸度的近似计算：

根据弱一元酸离解常数表达式：

$$K_a^\ominus=\frac{\{c(H^+)/c^\ominus\}\cdot\{c(B^-)/c^\ominus\}}{c(HB)/c^\ominus}$$

设平衡时，$c(H^+)=x\ mol\cdot L^{-1}$，酸的初始浓度为 c，代入酸离解常数表达式中：

$$K_a^\ominus=\frac{\{x/c^\ominus\}^2}{\{c-x\}/c^\ominus}$$

若弱一元酸离解度很小，则 $c-x\approx c$，当

$$\frac{c/c^\ominus}{K_a^\ominus}\geqslant 380$$

可用初浓度代替平衡浓度做近似计算，得到最简式：

$$c(H^+)/c^\ominus=\sqrt{K_a^\ominus\times(c/c^\ominus)}$$

处理一元弱碱的方法与一元弱酸类似，只需将以上各计算一元弱酸溶液中 $c(H^+)$浓度的有关公式中的 $K_a^\ominus$ 换成 $K_b^\ominus$，$c(H^+)$换成 $c(OH^-)$即可，如最简式为：

$$c(OH^-)/c^\ominus=\sqrt{K_b^\ominus(c/c^\ominus)}$$

(3)多元弱酸弱碱的离解反应

多元弱酸(碱)离解平衡的特点为：

①分步进行，总反应的离解常数等于各级离解常数的乘积。

②多元弱酸(碱)水溶液是多重平衡系统，各物种的平衡浓度可同时满足所有平衡。

③一般多元弱酸(碱)的各级离解常数相差较大，且第一步离解出的 $H^+(OH^-)$对其后各步离解有强烈的抑制作用，故在计算多元弱酸(碱)水溶液的酸度时，一般可按一元弱酸(碱)体系处理，而忽略其后各步离解对溶液酸度的影响。

多元弱酸(碱)水溶液酸度及有关物种浓度计算：

若 $K_{a1}^\ominus/K_{a2}^\ominus\geqslant 10^{1.6}$，可只考虑第一步离解而完全忽略以后各步离解对溶液酸

度的影响，相对误差 $E \leqslant 2.5\%$。若同时满足$\dfrac{c/c^{\ominus}}{K_{a1}^{\ominus}} \geqslant 380$，可按最简式进行计算。

例如：

$$H_2CO_3 = H^+ + HCO_3^- \qquad K_{a1}^{\ominus} = \frac{\{c(H^+)/c^{\ominus}\}\{c(HCO_3^-)/c^{\ominus}\}}{c(H_2CO_3)/c^{\ominus}}$$

$$HCO_3^- = H^+ + CO_3^{2-} \qquad K_{a2}^{\ominus} = \frac{\{c(H^+)/c^{\ominus}\}\{c(CO_3^{2-})/c^{\ominus}\}}{c(HCO_3^-)/c^{\ominus}}$$

设 H_2CO_3 初始浓度为 c，则有

$$c(H^+)/c^{\ominus} \approx c(HCO_3^-)/c^{\ominus} = \sqrt{(c_0/c^{\ominus})K_{a1}^{\ominus}}$$

根据多重平衡规则，得：

$$c(CO_3^{2-})/c^{\ominus} \approx K_{a2}^{\ominus}$$

3.酸碱离解平衡的移动

(1)稀释定律

离解度 α 与酸(碱)离解常数 $K_a^{\ominus}(K_b^{\ominus})$都能反映弱酸(弱碱)离解能力的大小。在一定温度下，$K_a^{\ominus}(K_b^{\ominus})$是与浓度无关的常数，而离解度随浓度变化而变化。在一定温度下，对于同一弱电解质，随着溶液的稀释，其离解度 α 增大，此规律称为稀释定律。离解度与浓度的关系可依下式近似计算：

$$\alpha = \sqrt{\frac{K_a^{\ominus}}{c/c^{\ominus}}} \qquad \text{或：}\alpha = \sqrt{\frac{K_b^{\ominus}}{c/c^{\ominus}}}$$

(2)同离子效应

在弱电解质溶液中加入与其含有相同离子的强电解质，导致弱电解质的离解度降低的现象称为同离子效应。向 HAc 溶液中加入 NaAc，使得 HAc 和 Ac^- 的离解平衡均逆向移动，导致 HAc 和 Ac^- 的离解度均降低。可见，酸碱平衡中的同离子效应，实际为共轭酸碱对之间对离解反应的相互抑制作用。因此，可以通过调节共轭酸碱对的浓度比例控制溶液的 pH。

存在同离子效应的溶液，酸度可依下式近似计算：

$$pH = pK_a^{\ominus} - \lg\frac{c(HB)}{c(B^-)}$$

式中，酸、碱浓度一般均可用初浓度代替。

(3)介质酸度的影响

介质酸度影响弱酸碱的离解平衡，所以可通过调节 pH 控制溶液中共轭酸碱的浓度的比例。

若弱多元酸(碱)相邻两步离解常数相差较大，则在水溶液中仅相邻的两种型体能大量共存，二者摩尔分数之和约为 100%：$\mathrm{pH}<\frac{1}{2}(\mathrm{p}K_{\mathrm{a1}}^{\ominus}+\mathrm{p}K_{\mathrm{a2}}^{\ominus})$时，弱多元酸(碱)主要以 H_nB 和 $H_{n-1}B^-$ 两种型体存在；$\frac{1}{2}(\mathrm{p}K_{\mathrm{a1}}^{\ominus}+\mathrm{p}K_{\mathrm{a2}}^{\ominus})<\mathrm{pH}<\frac{1}{2}(\mathrm{p}K_{2}^{\ominus}+\mathrm{p}K_{\mathrm{a3}}^{\ominus})$时，主要以 $H_{n-1}B^-$ 和 $H_{n-2}B^{2-}$ 两种型体存在，其余可依此类推。由此表明，若弱多元酸(碱)相邻两步离解常数相差较大，弱多元酸(碱)与碱(酸)的反应，可近似认为是分步进行的；在进行有关物种浓度计算时，近似地，可只考虑大量存在的物种之间的平衡关系。

酸碱型体分布图可明确表示一定酸度条件下，酸碱各型体的摩尔分数，或可简单用下图表示一定酸度条件下酸碱的主要存在型体：

弱二元酸碱主要存在型体与 pH：

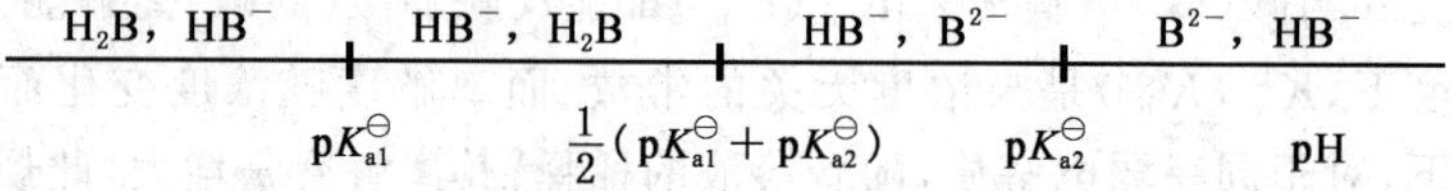

4. 两性物质水溶液酸度计算

两性物质，包含弱多元酸酸式盐、弱酸弱碱盐和氨基酸等。两性物质溶液(如 NaHB)的酸度可用下式近似计算：

$$c(\mathrm{H}^+)/c^{\ominus}=\sqrt{K_{\mathrm{a1}}^{\ominus}(\mathrm{H_2B})\cdot K_{\mathrm{a2}}^{\ominus}(\mathrm{H_2B})}$$

若为 NH_4Ac 等弱酸弱碱盐，则

$$c(\mathrm{H}^+)/c^{\ominus}=\sqrt{K_{\mathrm{a}}^{\ominus}(\mathrm{NH_4^+})\cdot K_{\mathrm{a}}^{\ominus}(\mathrm{HAc})}$$

即氢离子相对浓度约等于两性物质酸式离解常数与其共轭酸的酸式离解常数乘积的平方根。

上二式又可改写为：

$$c(\mathrm{H}^+)/c^{\ominus}=\sqrt{\frac{K_{\mathrm{w}}^{\ominus}\cdot K_{\mathrm{a2}}^{\ominus}(\mathrm{H_2B})}{K_{\mathrm{b2}}^{\ominus}(\mathrm{B^{2-}})}}$$

$$c(\mathrm{H}^+)/c^{\ominus}=\sqrt{\frac{K_{\mathrm{w}}^{\ominus}\cdot K_{\mathrm{a}}^{\ominus}(\mathrm{NH_4^+})}{K_{\mathrm{b}}^{\ominus}(\mathrm{Ac^-})}}$$

可见，两性物质水溶液呈酸性还是碱性，决定于其酸式离解常数与碱式离解常数的比值。若酸式离解常数较大，则水溶液显酸性，反之，显碱性。

5.酸碱缓冲溶液

具有抵抗加入少量酸、碱或适当的稀释作用而保持 pH 基本不变的溶液称为酸碱缓冲溶液。常用的 pH 为 3～11 的酸碱缓冲溶液中，含有一对或几对共轭酸碱，如 $HAc\text{-}Ac^-$、$NH_4^+\text{-}NH_3$、$H_2CO_3\text{-}HCO_3^-$、$H_2PO_4^-\text{-}HPO_4^{2-}$ 等。缓冲溶液 pH 可按下式计算：

$$pH = pK_a^\ominus - \lg\frac{c(A)}{c(B)}$$

$$pOH = pK_b^\ominus - \lg\frac{c(B)}{c(A)}$$

式中，$c(A)$、$c(B)$分别表示共轭酸碱的平衡浓度，但由于溶液中存在强烈的同离子效应，一般可用酸碱初始浓度代替。共轭酸碱混合溶液之所以具有酸碱缓冲能力，是由于共轭酸碱对之间存在的强烈的同离子效应。缓冲溶液的 pH 主要取决于所选共轭酸、碱的 $pK_a^\ominus$、$pK_b^\ominus$。

缓冲溶液的缓冲范围为：$pH = pK_a^\ominus \pm 1$ 或 $pOH = pK_b^\ominus \pm 1$。

所以配制缓冲溶液时，应选择 $pK_a^\ominus$（$pK_b^\ominus$）与所配制溶液 pH（pOH）相差不超过±1 的酸及其共轭碱（碱及其共轭酸），并适当控制缓冲对的浓度比和浓度。

二、典型例题解析

例 7.1　根据酸碱质子理论，在水中，下列物质只能是酸的为：

A. $Al(H_2O)_6^{3+}$；　　B. CN^-；

C. HPO_4^{2-}；　　D. $H_2PO_4^-$。

解：

CN^- 只能接受质子，答案 B 不正确；HPO_4^{2-} 和 $H_2PO_4^-$ 在水溶液中既能接受质子，又能给出质子，答案 C、D 不正确。水合铝离子在水中可将质子转移给水分子：

$$Al(H_2O)_6^{3+} + H_2O = Al(H_2O)_5(OH)^{2+} + H_3O^+$$

故答案 A 正确。很多重金属水合离子，如水合铁离子、水合亚锡离子等，均为酸，在水中离解，最终生成氢氧化物等沉淀。

例 7.2 NH_2^- 的共轭酸为：

A. H_3O^+；　B. NH_3；　C. NH_4^+；　D. NH^{2-}。

解：

组成上，酸比其共轭碱仅仅多一个质子。故答案 B 正确。

例 7.3 向盐酸中加入等体积的水，溶液 pH 将：

A. 变为原溶液 pH 的 1/2；　B. 升高 2；

C. 降低 2；　D. 升高 lg2。

解：

设原溶液中氢离子浓度为 $c(H^+)_1$，酸度为 pH_1；稀释后氢离子浓度为 $c(H^+)_2$，酸度为 pH_2。

$$c(H^+)_1=2c(H^+)_2$$

$$pH_2=-\lg\frac{c(H^+)_2}{c^{\ominus}}=-\lg\frac{c(H^+)_1}{2c^{\ominus}}=\lg2+pH_1$$

故答案 D 正确。

例 7.4 关于弱三元酸 H_3B 水溶液中离子浓度间的关系，下列说法正确的是：

A. $c(H^+)/c^{\ominus}=3c(B^{3-})$；　B. $c(H_2B^-)/c^{\ominus}\approx K_{a1}^{\ominus}$；

C. $c(HB^{2-})/c^{\ominus}\approx K_{a2}^{\ominus}$；　D. $c(B^{3-})/c^{\ominus}\approx K_{a3}^{\ominus}$。

解：

由于 $K_{a2}^{\ominus}$、$K_{a3}^{\ominus}$ 远远小于 $K_{a1}^{\ominus}$，故 $c(H^+)/c^{\ominus}\gg 3c(B^{3-})$，答案 A 不正确。由于第二级、第三级离解度远小于第一级，故 $c(H_2B^-)\approx c(H^+)$，答案 B 不正确。由于 $c(H_2B^-)\approx c(H^+)$、$K_{a2}^{\ominus}=\frac{\{c(H^+)/c^{\ominus}\}\{c(HB^{2-})/c^{\ominus}\}}{c(H_2B^-)/c^{\ominus}}$，可知答案 C 正确。答案 D 不正确。

例 7.5 向一弱三元酸水溶液中加入一定量强酸，并测得其 pH。下列关系式不正确的为：

A. $c(H^+)/c^{\ominus}=\sqrt{K_{a1}^{\ominus}\times(c/c^{\ominus})}$；

B. $pH=pK_{a1}^{\ominus}-\lg\frac{c(H_3B)}{c(H_2B^-)}$；

C. $pH=pK_{a2}^{\ominus}-\lg\frac{c(H_2B^-)}{c(HB^{2-})}$；

D. $pH=pK_{a3}^{\ominus}-\lg\frac{c(HB^{2-})}{c(B^{3-})}$。

解：

弱多元酸水溶液，是多重平衡系统，溶液中氢离子浓度只有一个，且满足所有酸碱平衡关系。关系式 A，是弱多元酸水溶液中氢离子浓度计算式，未考虑其中加入的强酸，是错误的，其他关系式正确。故正确答案为 A。

例 7.6 将等体积、等浓度的 $Na_2C_2O_4$ 与 $NaHC_2O_4$ 水溶液混合后，溶液的 pH 为：

A. $pK_{a1}^{\ominus}(H_2C_2O_4)$； B. $pK_{a2}^{\ominus}(H_2C_2O_4)$；

C. $\frac{1}{2}(pK_{a1}^{\ominus}+pK_{a2}^{\ominus})$； D. $pK_{a1}^{\ominus}-pK_{a2}^{\ominus}$。

解：

二者混合后组成 $HC_2O_4^{-}$-$C_2O_4^{2-}$ 缓冲体系，则

$$pH=pK_{a2}^{\ominus}(H_2C_2O_4)-\lg\frac{c(HC_2O_4^{-})}{c(C_2O_4^{2-})}$$

二者浓度相等，故 $pH=pK_{a2}^{\ominus}(H_2C_2O_4)$，答案 B 正确。

例 7.7 在磷酸缓冲对的控制下，正常尿液 pH＝6.30。尿液中磷酸缓冲对为：

A. H_3PO_4-PO_4^{3-}； B. H_3PO_4-$H_2PO_4^{-}$；

C. $H_2PO_4^{-}$-HPO_4^{2-}； D. HPO_4^{2-}-PO_4^{3-}。

已知：磷酸 $pK_{a1}^{\ominus}=2.1$，$pK_{a2}^{\ominus}=7.2$ ，$pK_{a3}^{\ominus}=12.7$

解：

H_3PO_4 和 PO_4^{3-} 在水溶液中不能大量共存，故答案 A 不正确。

$\frac{1}{2}(pK_{a1}^{\ominus}+pK_{a2}^{\ominus})<6.3<pK_{a2}^{\ominus}$，故答案 C 正确。

例 7.8 欲配制 pH＝9.0 的缓冲溶液，应选用：

A. HCOOH-HCOONa($pK_{a}^{\ominus}(HCOOH)=3.75$)；

B. HAc-NaAc($pK_{a}^{\ominus}(HAc)=4.76$)；

C. NH_4^{+}-NH_3($pK_{b}^{\ominus}(NH_3)=4.74$)；

D. $H_2PO_4^{-}$-HPO_4^{2-}($pK_{a2}^{\ominus}(H_3PO_4)=7.21$)。

解：

配制缓冲溶液时，选择的缓冲体系中酸的 $pK_{a}^{\ominus}$ 与所要求的 pH 相差不超过 1。$pK_{b}^{\ominus}(NH_3\cdot H_2O)=4.74$，则 $pK_{a}^{\ominus}(NH_4^{+})=14-4.74=9.26$，在所要求的 pH±1 范围，故答案 C 正确。

例 7.9 向 20 mL $c(HCl)=0.1\ mol\cdot L^{-1}$ 的盐酸水溶液、20 mL $c(HAc)=$

0.1 mol·L^{-1} 的醋酸水溶液中，分别加入 1 滴 $c(NaOH)=0.1\ mol\cdot L^{-1}$ 的氢氧化钠水溶液，则：

A. 前者 pH 变化较大；　　B. 后者 pH 变化较大；

C. 二者 pH 变化相同；　　D. 醋酸的离解常数增大。

解：

由于加入氢氧化钠的量很小，反应后二酸浓度基本不变。醋酸与氢氧化钠反应后，生成的醋酸根对剩余醋酸的离解有同离子效应，使剩余醋酸离解度明显下降，pH 变化较大，故答案 B 正确。弱酸的离解常数只与温度有关，与浓度无关，故答案 D 不正确。

例 7.10　$HC_2O_4^{2-}$ 的 $K_a^{\ominus}$ 和 $K_b^{\ominus}$ 分别等于________和________，所以，$NaHC_2O_4$ 水溶液 pH ________ 7.0。

解：

$K_a^{\ominus}=K_{a2}^{\ominus}(H_2C_2O_4)=6.4\times10^{-5}$

$$K_b^{\ominus}=\frac{K_w^{\ominus}}{K_{a1}^{\ominus}(H_2C_2O_4)}=\frac{1.0\times10^{-14}}{5.9\times10^{-2}}=1.7\times10^{-13}$$

$K_a^{\ominus}>K_b^{\ominus}$，水溶液 pH<7.0。

例 7.11　计算下列水溶液的 pH。

(1)0.10 mol·L^{-1}HAc；　　(2)0.10 mol·L^{-1} Na_2S；

(3)0.10 mol·L^{-1} NH_4Ac；　　(4)0.10 mol·L^{-1} Na_2CO_3；

(5)0.20 mol·L^{-1} Na_2HPO_4；　　(6)0.10 mol·L^{-1} NH_4Cl。

解：

(1)$\frac{c/c^{\ominus}}{K_a^{\ominus}}>380,c(H^+)/c^{\ominus}=\sqrt{K_a^{\ominus}\cdot\frac{c}{c^{\ominus}}}=\sqrt{1.79\times10^{-5}\times0.10}=1.3\times10^{-3}$

$$pH=2.89$$

(2)S^{2-} 是二元碱

$$K_{b1}^{\ominus}(S^{2-})=K_w^{\ominus}/K_{a2}^{\ominus}(H_2S)=1.4$$
$$K_{b2}^{\ominus}(S^{2-})=K_w^{\ominus}/K_{a1}^{\ominus}(H_2S)=7.7\times10^{-8}$$

$K_{b1}^{\ominus}\gg K_{b2}^{\ominus}$，因此可忽略第二步离解，但$\frac{c/c^{\ominus}}{K_{b1}^{\ominus}}<380$，不能用最简式

	S^{2-}	+	H_2O	=	HS^-	+	OH^-
$c^{eq}/c^{\ominus}$	$0.10-x$				x		x

$$K_{b1}^{\ominus}=\frac{x^2}{0.10-x}=1.4$$

解得
$$c(OH^-)=0.094\ mol\cdot L^{-1}$$
$$pH=14-pOH=12.97$$

(3) NH_4Ac 为两性物质，则

$$c(H^+)/c^{\ominus}=\sqrt{K_a^{\ominus}(HAc)\cdot K_a^{\ominus}(NH_4^+)}=\sqrt{K_a^{\ominus}(HAc)\cdot\frac{K_w^{\ominus}}{K_b^{\ominus}(NH_3\cdot H_2O)}}=1.0\times10^{-7}$$
$$pH=7.00$$

(4) $K_{b1}^{\ominus}(CO_3^{2-})\gg K_{b2}^{\ominus}(CO_3^{2-})$，故可按一元弱碱进行计算。

$$\frac{c/c^{\ominus}}{K_{b1}^{\ominus}(CO_3^{2-})}>380,\ c(OH^-)/c^{\ominus}=\sqrt{K_{b1}^{\ominus}(CO_3^{2-})\cdot\frac{c}{c^{\ominus}}}=\sqrt{1.78\times10^{-4}\times0.10}$$
$$=4.2\times10^{-3}$$
$$pH=14-2.38=11.62$$

(5) Na_2HPO_4 为两性物质，则

$$c(H^+)/c^{\ominus}=\sqrt{K_{a2}^{\ominus}(H_3PO_4)\cdot K_{a3}^{\ominus}(H_3PO_4)}=1.7\times10^{-10}$$
$$pH=9.77$$

(6) $K_b^{\ominus}(NH_3\cdot H_2O)=1.8\times10^{-5}$，$K_a^{\ominus}(NH_4^+)=\frac{K_w^{\ominus}}{K_b^{\ominus}(NH_3\cdot H_2O)}=5.6\times10^{-10}$

$$\frac{c/c^{\ominus}}{K_a^{\ominus}(NH_4^+)}>380,\ c(H^+)/c^{\ominus}=\sqrt{K_a^{\ominus}(NH_4^+)\cdot\frac{c}{c^{\ominus}}}=\sqrt{5.6\times10^{-10}\times0.10}=7.5\times10^{-6}$$
$$pH=5.12$$

例 7.12 将 $c(H_3PO_4)=0.10\ mol\cdot L^{-1}$ 的磷酸与 $c(NaOH)=0.15\ mol\cdot L^{-1}$ 的氢氧化钠水溶液等体积混合后，溶液中磷酸的主要存在型体是什么？此时溶液 pH 等于多少？(H_3PO_4：$K_{a1}^{\ominus}=7.5\times10^{-3}$，$K_{a2}^{\ominus}=6.2\times10^{-8}$，$K_{a3}^{\ominus}=2.2\times10^{-13}$)

解：

解决有关酸碱平衡问题时，首先要正确判断系统的主要组成，然后再根据系统的组成，合理忽略对系统性质影响很小的平衡，利用系统中存在的主要的平衡进行有关计算。

由题意可知，等体积混合后，磷酸与氢氧化钠中和生成 NaH_2PO_4，而此时氢氧

化钠仍有少量剩余，可继续与部分 NaH_2PO_4 反应生成 Na_2HPO_4，据题意可得，溶液中 $c(NaH_2PO_4)=c(Na_2HPO_4)$。故此时磷酸的主要存在型体为 NaH_2PO_4 和 Na_2HPO_4，此二者是决定溶液性质的最重要的成分，而 H_3PO_4 和 Na_3PO_4 浓度极低，可忽略。所以，只要考虑 NaH_2PO_4 和 Na_2HPO_4 之间的平衡就可近似计算得溶液的酸度。

$$pH=pK_{a2}^{\ominus}(H_3PO_4)-\lg\frac{c(H_2PO_4^-)}{c(HPO_4^{2-})}$$

$$pH=pK_{a2}^{\ominus}(H_3PO_4)=7.20$$

例 7.13 在血液中，H_2CO_3-HCO_3^- 缓冲溶液的功能之一是从细胞组织中快速除去运动后产生的乳酸(HLac)，已知 $K_a^{\ominus}(HLac)=1.8\times10^{-5}$。

(1)写出该反应方程式，并计算其平衡常数 $K^{\ominus}$；

(2)通常，血液中 $c(H_2CO_3)=1.4\times10^{-3}\ mol\cdot L^{-1}$，$c(HCO_3^-)=2.7\times10^{-2}\ mol\cdot L^{-1}$，计算血液的 pH。

解：

(1)反应方程式：$HLac+HCO_3^-=H_2CO_3+Lac^-$

$$K^{\ominus}=\frac{K_a^{\ominus}(HLac)}{K_{a1}^{\ominus}(H_2CO_3)}=\frac{1.8\times10^{-5}}{4.3\times10^{-7}}=42$$

(2) $pH=pK_{a1}^{\ominus}-\lg\dfrac{c(H_2CO_3)/c^{\ominus}}{c(HCO_3^-)/c^{\ominus}}$

代入数据得，pH=7.65

例 7.14 制备 1 L pH=4.5，$c(HAc)=1.0\ mol\cdot L^{-1}$ 的 HAc-NaAc 缓冲溶液，需用固体 $NaAc\cdot 3H_2O$ 多少克，浓盐酸($12\ mol\cdot L^{-1}$)多少毫升？

解：

根据缓冲溶液 pH 计算公式，有：

$$pH=4.75-\lg\frac{c(HAc)}{c(NaAc)}=4.75-\lg\frac{n(HAc)}{n(NaAc)}$$

$$4.50=4.75-\lg\frac{1.0\ mol}{\dfrac{m}{136\ g\cdot mol^{-1}}-1.0\ mol}$$

解得 $m(NaAc\cdot 3H_2O)=212\ g$

设需用浓盐酸的体积为：

$12.0\ mol\cdot L^{-1}\cdot V=1.0\ mol\cdot L^{-1}\times 1\ L$　　解得 $V=0.083\ L$

例 7.15　如何配制 KCN、$SnCl_2$、$Bi(NO_3)_3$ 水溶液？为什么？

解：

(1)CN^- 易离解(亦称水解)：

$$CN^- + H_2O = HCN + OH^-$$

加碱可抑制 CN^- 的离解。因此，配制 KCN 水溶液时，先将 KCN 固体溶于强碱溶液中，再加水稀释至所需浓度。

(2)水合 Sn^{2+} 在水溶液中既易离解又可被空气中氧气氧化。故配制 $SnCl_2$ 溶液时，先用浓 HCl 溶解 $SnCl_2$ 固体，然后加蒸馏水稀释至所需浓度；并加入锡粒，相关的化学反应式如下：

$$Sn^{2+} + Cl^- + H_2O = Sn(OH)Cl\downarrow + H^+$$

$$2Sn^{2+} + O_2 + 4H^+ = 2Sn^{4+} + 2H_2O$$

$$Sn^{4+} + Sn = 2Sn^{2+}$$

(3)水合 Bi^{3+} 极易离解，所以配制 $Bi(NO_3)_3$ 溶液时，先用浓 HNO_3 溶解 $Bi(NO_3)_3$ 固体，然后加水稀释至所需浓度。

$$Bi^{3+} + NO_3^- + H_2O = BiONO_3 + 2H^+$$

例 7.16　将 pH＝2.00 和 pH＝3.00 的盐酸溶液等体积混合。近似计算混合液 pH 时，有以下两种方法：

方法 1：

溶液(1)中：$c(H^+) = 1.00\times10^{-2}\ mol\cdot L^{-1}$

溶液(2)中：$c(H^+) = 1.00\times10^{-3}\ mol\cdot L^{-1}$

混合后：$c(H^+) = \dfrac{1.00\times10^{-2}\ mol\cdot L^{-1} + 1.00\times10^{-3}\ mol\cdot L^{-1}}{2}$

$= 5.5\times10^{-3}\ mol\cdot L^{-1}$

pH＝2.26

方法 2：

溶液(1)中：$c(OH^-) = 1.00\times10^{-12}\ mol\cdot L^{-1}$

溶液(2)中：$c(OH^-) = 1.00\times10^{-11}\ mol\cdot L^{-1}$

混合后：$c(OH^-) = \dfrac{1.00\times10^{-12}\ mol\cdot L^{-1} + 1.00\times10^{-11}\ mol\cdot L^{-1}}{2}$

$= 5.5\times10^{-12}\ mol\cdot L^{-1}$

pOH＝11.26，pH＝2.74

所得结果不同。哪种方法正确？为什么？

解：

方法 1 正确。

在浓度不是很低的强酸水溶液中，可认为 H^+ 全部来自酸的离解，故混合酸溶液中，H^+ 的物质的量等于原溶液中 H^+ 物质的量的和。而 OH^- 则来自水的离解，因此，二酸混合后，由于 H^+ 浓度的变化，影响了水的离解平衡：原浓度较高的酸溶液中的水离解度增大，浓度较低的酸溶液中水的离解度降低，故混合酸溶液中，OH^- 的物质的量不等于原溶液中 OH^- 物质的量的和。即方法 2 中，计算式

$$c(OH^-)=\frac{1.00\times10^{-12}\ mol\cdot L^{-1}+1.00\times10^{-11}\ mol\cdot L^{-1}}{2}$$

错误。

类似地，在计算强碱溶液混合、强酸强碱溶液混合后溶液 pH 时，也必须注意水的离解平衡的移动。

三、自我检查

7.1　下列各组物质中，不属于共轭酸碱对的为：

A. HCl 和 Cl^-；　B. NH_4^+ 和 NH_3；　C. HCO_3^- 和 CO_3^{2-}；　D. H_3O^+ 和 OH^-。

7.2　将 pH＝4.0 的强酸溶液与 pH＝12.0 的强碱溶液等体积混合，则混合后溶液的 pH 约为：

A. 4.0；　B. 8.0；　C. 11.7；　D. 12.0。

7.3　将 $NH_3\cdot H_2O$ 溶液稀释 1 倍，溶液 pH：

A. 变为原溶液的 1/2；　B. 降低 lg2；　C. 升高 lg2；　D. 降低$\frac{1}{2}$lg2。

7.4　将 $c(HAc)=0.10\ mol\cdot L^{-1}$ 的 HAc 溶液和 $c(NaAc)=0.10\ mol\cdot L^{-1}$ 的 NaAc 溶液等体积混合后，溶液的 pH＝4.8，若将此混合溶液再与等体积的水混合，则稀释后的溶液的 pH 为：

A. 2.4；　B. 4.8；　C. 7.0；　D. 9.6。

7.5　向 $c(HAc)=0.10\ mol\cdot L^{-1}$ 的 HAc 水溶液中，加入一定量的 NaAc 固体，则会使：

A. HAc 的 $K_a^\ominus$ 增大；　B. HAc 的 $K_a^\ominus$ 减小；

C. 溶液的 pH 升高；　D. 溶液的 pH 降低。

7.6　水溶液中能大量共存的一组物质是：

A. H_3PO_4、PO_4^{3-}；　B. $H_2PO_4^-$、PO_4^{3-}；

C. H_3PO_4、HPO_4^{2-}；　D. HPO_4^{2-}、PO_4^{3-}。

7.7　欲配制 pH=3.0 的缓冲溶液，应选用：

A. HCOOH-HCOONa{$pK_a^\ominus$(HCOOH)=3.75}；

B. HAc-NaAc($pK_a^\ominus$(HAc)=4.76)；

C. NH_4^+-NH_3($pK_b^\ominus$($NH_3 \cdot H_2O$)=4.74)；

D. $H_2PO_4^-$-HPO_4^{2-} {$pK_{a2}^\ominus$(H_3PO_4)=7.21}。

7.8　浓度均为 0.10 mol·L^{-1} 的下列化合物的水溶液，pH 最高的是：

A. Na_2CO_3；　B. NaCl；　C. $NaHCO_3$；　D. NH_4Cl。

7.9　已知 $K_a^\ominus$(HCN)=4.0×10^{-10}，则 c(KCN)=0.20 mol·L^{-1} 的 KCN 水溶液的 pH 约为：

A. 2.65；　B. 5.05；　C. 8.95；　D. 11.35。

7.10　将 $c(H_3PO_4)$=0.10 mol·L^{-1} 的磷酸与 c(NaOH)=0.25 mol·L^{-1} 的氢氧化钠水溶液等体积混合后，溶液 pH 为：(H_3PO_4：$K_{a1}^\ominus=7.5\times10^{-3}$，$K_{a2}^\ominus=6.2\times10^{-8}$，$K_{a3}^\ominus=2.2\times10^{-13}$)

A. 2.12；　B. 7.20；　C. 9.93；　D. 12.66。

7.11　$c(H_2CO_3)$=0.040 mol·L^{-1} 的碳酸饱和溶液中、将其用等体积水稀释后所得溶液中，$c(CO_3^{2-})$分别约为：(H_2CO_3：$K_{a1}^\ominus=4.3\times10^{-7}$，$K_{a2}^\ominus=5.6\times10^{-11}$)

A. 5.6×10^{-11} mol·L^{-1}，2.8×10^{-11} mol·L^{-1}；

B. 5.6×10^{-11} mol·L^{-1}，5.6×10^{-11} mol·L^{-1}；

C. 4.3×10^{-7} mol·L^{-1}，2.2×10^{-7} mol·L^{-1}；

D. 7.6×10^{-6} mol·L^{-1}，3.8×10^{-7} mol·L^{-1}。

7.12　在 $c(H^+)$=0.010 mol·L^{-1}、$c(H_2CO_3)$=0.010 mol·L^{-1} 的碳酸水溶液中，$c(CO_3^{2-})$/mol·L^{-1} 约为：(已知 H_2CO_3：$K_{a1}^\ominus=4.3\times10^{-7}$，$K_{a2}^\ominus=5.6\times10^{-11}$)

A. 2.4×10^{-15}；　B. 5.6×10^{-11}；　C. 2.4×10^{-8}；　D. 2.4×10^{-6}。

7.13　向 $c(H_3PO_4)$=0.10 mol·L^{-1} 的磷酸($K_{a1}^\ominus=7.5\times10^{-3}$，$K_{a2}^\ominus=6.2\times10^{-8}$，$K_{a3}^\ominus=2.2\times10^{-13}$)水溶液中滴加 NaOH 溶液至 pH=10.0，溶液中浓度最大的磷酸型体是：

A. H_3PO_4；　B. $H_2PO_4^-$；　C. HPO_4^{2-}；　D. PO_4^{3-}。

7.14　$c(NH_3)$=0.20 mol·L^{-1} 的氨水的 pH 约为＿＿＿＿＿＿；将它与

$c(HCl)=0.20\ mol\cdot L^{-1}$ 盐酸等体积混合后，溶液的 pH 约为__________；若将此氨水与 $c(HCl)=0.40\ mol\cdot L^{-1}$ 盐酸等体积混合后，溶液的 pH 约为__________。

7.15 在 $c(NH_3)=0.10\ mol\cdot L^{-1}$ 的氨水中加入少许固体 NH_4Cl，忽略体积变化，则下列物理量变化情况分别为：氨的浓度__________，NH_3 的离解度__________，溶液的 pH __________，$K_b^{\ominus}(NH_3)$__________。

7.16 在醋酸水溶液中加入氯化钠，则醋酸的离解度__________，离解常数__________。

7.17 欲配制 1.0 L pH=5.0 的缓冲溶液，其中 $c(HAc)=0.20\ mol\cdot L^{-1}$，需要 $c(HAc)=1.0\ mol\cdot L^{-1}$ 的 HAc 溶液 __________ mL，$c(NaAc)=1.0\ mol\cdot L^{-1}$ 的 NaAc 溶液__________ mL。（已知 $K_a^{\ominus}(HAc)=1.79\times10^{-5}$）

7.18 $H_2C_2O_4$ 的 $pK_{a1}^{\ominus}=1.2$，$pK_{a2}^{\ominus}=4.2$。当溶液 pH=1.2 时，草酸的主要存在型体是__________，当 $c(HC_2O_4^-)$ 达到最大时，溶液 pH=__________。

7.19 硫酸的 $K_{a2}^{\ominus}=1.2\times10^{-2}$，因此有人说 $KHSO_4$ 是强碱弱酸盐，所以其水溶液显碱性。此说法是否正确？计算 $c(NaHSO_4)=0.10\ mol\cdot L^{-1}$ 的硫酸氢钾水溶液的 pH。

7.20 已知 $c(HCN)=0.010\ mol\cdot L^{-1}$ 的氢氰酸水溶液中，HCN 的解离度为 0.006 3%，求此溶液的 pH 和氢氰酸的离解常数。

7.21 已知谷氨酸 HOOC-CH(NH_2)-CH_2-CH_2-COOH，$pK_a^{\ominus}(\alpha\text{-COOH})=2.1$，$pK_a^{\ominus}(\gamma\text{-COOH})=3.9$，$pK_a^{\ominus}(\alpha\text{-}NH_3^+)=9.8$。计算其等电点 pH，并写出在 pH 为 1.0、3.0、7.0、12.0 时谷氨酸在水溶液中的最主要存在型体的化学式以及谷氨酸在电场中电泳方向。

7.22 欲由 $H_2C_2O_4$ 和 NaOH 两溶液配制 pH=4.19 的缓冲溶液，求 $c(H_2C_2O_4)=0.10\ mol\cdot L^{-1}$ 的 $H_2C_2O_4$ 溶液与 $c(NaOH)=0.10\ mol\cdot L^{-1}$ 的 NaOH 溶液的体积比。

已知 $K_{a1}^{\ominus}(H_2C_2O_4)=6.5\times10^{-3}$，$K_{a2}^{\ominus}(H_2C_2O_4)=6.5\times10^{-5}$。

7.23 农村常用草木灰作为钾肥（含碳酸钾）。试解释为什么草木灰不宜与氮肥（如 NH_4Cl）混合使用。

自我检查参考答案

7.1 D 7.2 C 7.3 D 7.4 B 7.5 C 7.6 D 7.7 A 7.8 A 7.9 D

7.10 D 7.11 B 7.12 A 7.13 C

7.14 11.28，5.13，1.00

7.15　增大，减小，降低，不变

7.16　增大，不变

7.17　200，356

7.18　$H_2C_2O_4$ 和 $HC_2O_4^-$，2.7

7.19　硫酸第一步 100%离解，所以 HSO_4^- 接受质子能力极弱，可认为 NaH-SO_4 是弱酸，它不是弱酸盐，其水溶液应显酸性。

$$HSO_4^- \quad = \quad H^+ \quad + \quad SO_4^{2-}$$

$$c^{eq}/c^{\ominus}: \qquad 0.10-x \qquad x \qquad x$$

$$K_{a2}^{\ominus}=\frac{x^2}{0.10-x}=1.2\times10^{-2}$$

解得：$c(H^+)=0.03\ mol\cdot L^{-1}$

$pH=1.52$

7.20　$pH=5.70$，$K_a^{\ominus}=4.0\times10^{-10}$

7.21　等电点 $pH=3.0$；

$pH=1.0$ 时，主要存在型体　$HOOC-CH(\overset{+}{N}H_3)-CH_2-CH_2-COOH$，负极；

$pH=3.0$ 时，主要存在型体　$^-OOC-CH(\overset{+}{N}H_3)-CH_2-CH_2-COOH$，不移动；

$pH=7.0$ 时，主要存在型体　$^-OOC-CH(\overset{+}{N}H_3)-CH_2-CH_2-COO^-$，正极；

$pH=12.0$ 时，主要存在型体　$^-OOC-CH(NH_2)-CH_2-CH_2-COO^-$，正极。

7.22　由于 $pH=pK_{a2}^{\ominus}$，故应选择 $HC_2O_4^-$-$C_2O_4^{2-}$ 缓冲对配制溶液。计算得 $c(HC_2O_4^-)=c(C_2O_4^{2-})$，则由 $2H_2C_2O_4+3NaOH=Na_2C_2O_4+NaHC_2O_4+3H_2O$，可得 $H_2C_2O_4$ 与 NaOH 的体积比应为 2∶3。

7.23　CO_3^{2-} 是碱，NH_4^+ 是酸，二者之间发生酸碱反应：

$$CO_3^{2-}+NH_4^+=HCO_3^-+NH_3\uparrow$$

造成氮肥失效。

四、习题答案

7.1　酸：$[Fe(H_2O)_6]^{3+}$

碱：CO_3^{2-}，NH_3，CN^-，$CO(NH_2)_2$，CH_3NH_2

其他均为两性物质

7.2　(1)$H^++OH^-=H_2O$，　$1/K_w^{\ominus}$；

$H^++B=HB$(略去电荷)，　$K_b^{\ominus}/K_w^{\ominus}$；

$HB+OH^- = B^- + H_2O$， $K_a^\ominus/K_w^\ominus$；

$HA+B = A+HB$(略去电荷)，$K_a^\ominus K_b^\ominus/K_w^\ominus$。

(2)6.4×10^{-5}， 1.7×10^{-13}，小于

7.3

$$\frac{c/c^\ominus}{K_b^\ominus}>380$$

$$c(OH^-)/c^\ominus=\sqrt{K_b^\ominus(c/c^\ominus)}=3.74\times10^{-4}$$

$$pH=10.57$$

7.4

$$c(H^+)/c^\ominus=8.5\times10^{-5}$$

$$c^{eq}(HNO_2)/c^\ominus=\{c(H^+)/c^\ominus\}^2/K_a^\ominus=1.6\times10^{-5}$$

$\therefore c_0(HNO_2)=1.6\times10^{-5}\ mol\cdot L^{-1}+8.5\times10^{-5}\ mol\cdot L^{-1}=1.0\times10^{-4}\ mol\cdot L^{-1}$

7.5

$$C_6H_5NH_2+H^+ = C_6H_5NH_3^+$$

$$c(C_6H_5NH_3^+)=0.020\ mol\cdot L^{-1}$$

$$K_a^\ominus(C_6H_5NH_3^+)=K_w^\ominus/K_b^\ominus(C_6H_5NH_2)=2.2\times10^{-5}$$

$$\frac{c/c^\ominus}{K_a^\ominus}>380,$$

应用最简式计算溶液酸度：

$$c(H^+)/c^\ominus=\sqrt{K_a^\ominus\cdot c/c^\ominus}=\sqrt{2.2\times10^{-5}\times0.02}=6.6\times10^{-4}$$

$$pH=3.2$$

7.6

$$\frac{c/c^\ominus}{K_{b1}^\ominus}=7\times10^4>380$$

$$K_{b1}^\ominus/K_{b2}^\ominus>10^{1.6}$$

所以可忽略第二步离解，按最简式计算：

$$c(OH^-)/c^\ominus=\sqrt{K_{b1}^\ominus\times c/c^\ominus}=\sqrt{7.0\times10^{-7}\times0.050}=1.9\times10^{-4}$$

$$pH=10.27$$

$$c(C_{10}H_{14}N_2)=0.050\ mol\cdot L^{-1}-1.9\times10^{-4}\ mol\cdot L^{-1}=0.050\ mol\cdot L^{-1}$$

$$c(C_{10}H_{14}N_2H^+)=c(OH^-)=1.9\times10^{-4}\ mol\cdot L^{-1}$$

$$c(C_{10}H_{14}N_2H_2^{2+})=c^\ominus K_{b2}^\ominus=1.4\times10^{-11}\ mol\cdot L^{-1}$$

7.7

$K_{b1}^{\ominus}(S^{2-})=K_w^{\ominus}/K_{a2}^{\ominus}(H_2S)=1.4$

$K_{b2}^{\ominus}(S^{2-})=K_w^{\ominus}/K_{a1}^{\ominus}(H_2S)=7.7\times10^{-8}$

经判断,可忽略第二步离解,依近似式计算

	S^{2-}	+	H_2O	=	HS^-	+	OH^-
$c^{eq}/mol\cdot L^{-1}$	$0.10-x$				x		x

$$K_{b1}^{\ominus}=\frac{x^2}{0.10-x}=1.4$$

解得:$c(OH^-)=0.094\ mol\cdot L^{-1}$

$pH=12.97$

$c(S^{2-})=0.10\ mol\cdot L^{-1}-0.094\ mol\cdot L^{-1}=0.01\ mol\cdot L^{-1}$

$c(HS^-)=c(OH^-)=0.094\ mol\cdot L^{-1}$

$c(H_2S)=c^{\ominus}K_{b2}^{\ominus}=7.7\times10^{-8}\ mol\cdot L^{-1}$

7.8

$pH=1.30$

$$c(S^{2-})/c^{\ominus}=\frac{K_{a1}^{\ominus}K_{a2}^{\ominus}\{c(H_2S)/c^{\ominus}\}}{\{c(H^+)/c^{\ominus}\}^2}=\frac{9.2\times10^{-22}\times0.10}{0.050^2}=3.7\times10^{-20}$$

故:$c(S^{2-})=3.7\times10^{-20}\ mol\cdot L^{-1}$

7.9

$$pH=pK_{a1}^{\ominus}-\lg\frac{c(H_3Cit)}{c(H_2Cit^-)}$$

$$\lg\frac{c(H_3Cit)}{c(H_2Cit^-)}=3.15-1.92=1.23$$

$$\therefore\frac{c(H_3Cit)}{c(H_2Cit^-)}=17$$

$$pH=pK_{a2}^{\ominus}-\lg\frac{c(H_2Cit^-)}{c(HCit^{2-})}$$

$$\lg\frac{c(H_2Cit^-)}{c(HCit^{2-})}=4.77-1.92=2.85$$

$$\therefore\frac{c(H_2Cit^-)}{c(HCit^{2-})}=7.0\times10^2$$

$$pH=pK_{a3}^{\ominus}-\lg\frac{c(HCit^{2-})}{c(Cit^{3-})}$$

$$\lg \frac{c(\mathrm{HCit}^{2-})}{c(\mathrm{Cit}^{3-})}=6.39-1.92=4.47$$

$$\therefore \frac{c(\mathrm{HCit}^{2-})}{c(\mathrm{Cit}^{3-})}=3.0\times 10^{4}$$

$$\frac{c(\mathrm{H_2Cit}^{-})}{c(\mathrm{Cit}^{3-})}=3.0\times 10^{4}\times 7.0\times 10^{2}=2.1\times 10^{7}$$

$$\frac{c(\mathrm{H_3Cit})}{c(\mathrm{Cit}^{3-})}=17\times 2.1\times 10^{7}=3.6\times 10^{8}$$

7.10

$$\mathrm{pOH}=5.00$$

$$\mathrm{pOH}=\mathrm{p}K_{\mathrm{b}}^{\ominus}(\mathrm{NH_3})-\lg \frac{c(\mathrm{NH_3})}{c(\mathrm{NH_4^+})}$$

$$\lg \frac{c(\mathrm{NH_3})}{c(\mathrm{NH_4^+})}=4.75-5.00=-0.25$$

$$\therefore \frac{c(\mathrm{NH_3})}{c(\mathrm{NH_4^+})}=0.56$$

$$c(\mathrm{NH_4^+})=0.10\ \mathrm{mol\cdot L^{-1}}/0.56=0.18\ \mathrm{mol\cdot L^{-1}}$$

$$m\{(\mathrm{NH_4})_2\mathrm{SO_4}\}=0.5c(\mathrm{NH_4^+})V(\mathrm{NH_4^+})M\{(\mathrm{NH_4})_2\mathrm{SO_4}\}=11.9\ \mathrm{g}$$

7.11

$$\mathrm{pH}=\frac{1}{2}(\mathrm{p}K_{\mathrm{a1}}^{\ominus}+\mathrm{p}K_{\mathrm{a2}}^{\ominus})=3.7$$

$$\mathrm{pH}=\mathrm{p}K_{\mathrm{a1}}^{\ominus}-\lg \frac{c(\mathrm{H_2A})}{c(\mathrm{HA^-})}$$

$$\therefore \lg \frac{c(\mathrm{H_2A})}{c(\mathrm{HA^-})}=\mathrm{p}K_{\mathrm{a1}}^{\ominus}-\mathrm{pH}=\frac{1}{2}(\mathrm{p}K_{\mathrm{a1}}^{\ominus}-\mathrm{p}K_{\mathrm{a2}}^{\ominus})=-0.7$$

$$\frac{c(\mathrm{H_2A})}{c(\mathrm{HA^-})}=0.20$$

$$\mathrm{pH}=\mathrm{p}K_{\mathrm{a2}}^{\ominus}+\lg \frac{c(\mathrm{A^{2-}})}{c(\mathrm{HA^-})}$$

$$\therefore \lg \frac{c(\mathrm{A^{2-}})}{c(\mathrm{HA^-})}=\mathrm{pH}-\mathrm{p}K_{\mathrm{a2}}^{\ominus}=\frac{1}{2}(\mathrm{p}K_{\mathrm{a1}}^{\ominus}-\mathrm{p}K_{\mathrm{a2}}^{\ominus})=-0.7$$

$$\frac{c(\mathrm{A^{2-}})}{c(\mathrm{HA^-})}=0.20$$

因系统中含有两对缓冲对，且共轭酸碱的浓度比均在缓冲范围内，所以此溶液具有酸碱缓冲能力。

若两级酸常数相差较大，则共轭酸碱浓度比将超出缓冲范围，失去缓冲性质。

7.12

忽略第二级、第三级离解：

$$\frac{c/c^{\ominus}}{K_{a1}^{\ominus}}=\frac{3}{7.52\times10^{-3}}>380$$

$$\begin{array}{lccc} & H_3PO_4 & = H^+ & + H_2PO_4^- \\ c^{eq}/mol\cdot L^{-1} & 3.0-x & x & x \end{array}$$

$$K_{a1}^{\ominus}=\frac{x^2}{3.0}$$

解得：

$c(H^+)=0.15\ mol\cdot L^{-1}$

$c(H_2PO_4^-)=c(H^+)=0.15\ mol\cdot L^{-1}$

$$K_{a2}^{\ominus}=\frac{\{c(H^+)/c^{\ominus}\}\ \{c(HPO_4^{2-})/c^{\ominus}\}}{c(H_2PO_4^-)/c^{\ominus}}=\frac{0.15\times\{c(HPO_4^{2-})/c^{\ominus}\}}{0.15}$$

$c(HPO_4^{2-})=K_{a2}^{\ominus}\times c^{\ominus}=6.2\times10^{-8}\ mol\cdot L^{-1}$

$$K_{a3}^{\ominus}=\frac{\{c(H^+)/c^{\ominus}\}\ \{c(PO_4^{3-})/c^{\ominus}\}}{c(HPO_4^{2-})/c^{\ominus}}=\frac{0.15\times\{c(PO_4^{3-})/c^{\ominus}\}}{6.2\times10^{-8}}$$

解得：$c(PO_4^{3-})=9.1\times10^{-20}\ mol\cdot L^{-1}$

7.13

$$\begin{array}{lccc} & HSO_4^- & = H^+ & + SO_4^{2-} \\ c^{eq}/mol\cdot L^{-1} & c_0-x & c_0+x & x \end{array}$$

$$K_{a2}^{\ominus}=\frac{\{c(H^+)/c^{\ominus}\}\ \{c(SO_4^{2-})/c^{\ominus}\}}{c(HSO_4^-)/c^{\ominus}}=\frac{(c_0+x)x}{c_0-x}$$

$c_0=0.50\ mol\cdot L^{-1}$ 时：

$c(SO_4^{2-})=0.011\ mol\cdot L^{-1}$

$c(H^+)=0.51\ mol\cdot L^{-1}$

$c(HSO_4^-)=0.49\ mol\cdot L^{-1}$

$c_0=0.020\ mol\cdot L^{-1}$ 时：

$c(SO_4^{2-})=0.006\ 3\ mol\cdot L^{-1}$

$c(H^+)=0.026\ mol\cdot L^{-1}$

$c(HSO_4^-)=0.014\ mol\cdot L^{-1}$

第 8 章　沉淀-溶解平衡

一、内容提要

本章讨论难溶电解质的沉淀-溶解平衡，重点讲述溶度积原理、沉淀-溶解平衡的移动和溶度积原理的应用。

1. 溶度积

沉淀-溶解平衡是指一定温度下难溶电解质的饱和水溶液中，未溶解的固体与已进入溶液中的水合离子之间所建立的多相动态平衡。沉淀-溶解反应的标准平衡常数称为溶度积：

$$A_mB_n(s) \underset{\text{沉淀}}{\overset{\text{溶解}}{\rightleftharpoons}} mA^{n+}(aq) + nB^{m-}(aq)$$

$$K_{sp}^{\ominus}(A_mB_n) = \{c^{eq}(A^{n+})/c^{\ominus}\}^m \cdot \{c^{eq}(B^{m-})/c^{\ominus}\}^n$$

$K_{sp}^{\ominus}$ 具有一般平衡常数的物理意义，其大小只与物质的本性和温度有关，而与离子浓度无关。

2. 溶解度与溶度积

溶度积 $K_{sp}^{\ominus}$ 和溶解度 S 都是用来表示难溶电解质在水中溶解能力的特征常数。但一定温度下，溶度积是与离子浓度无关的常数，溶解度则受离子浓度的影响。对于溶解度小、离解后的离子在水溶液中不发生水解等副反应的难溶电解质，溶度积与难溶电解质在纯水中的溶解度之间可以相互换算，部分换算关系式见下表。

难溶电解质溶度积 $K_{sp}^{\ominus}$ 和溶解度 S 的关系

沉淀类型	$K_{sp}^{\ominus}$ 表达式	$K_{sp}^{\ominus}$ 与 $S/(mol \cdot L^{-1})$ 的关系	实例
AB	$K_{sp}^{\ominus}=\{c^{eq}(A^+)/c^{\ominus}\} \cdot \{c^{eq}(B^-)/c^{\ominus}\}$	$S=\sqrt{K_{sp}^{\ominus}}$	$AgCl$，$BaSO_4$
A_2B	$K_{sp}^{\ominus}=\{c^{eq}(A^+)/c^{\ominus}\}^2 \cdot \{c^{eq}(B^{2-})/c^{\ominus}\}$	$S=\sqrt[3]{\frac{K_{sp}^{\ominus}}{4}}$	Ag_2CrO_4，PbI_2，CaF_2

3. 溶度积原理

对于难溶电解质 A_mB_n 的沉淀溶解平衡：

$$A_mB_n(S) \underset{\text{沉淀}}{\overset{\text{溶解}}{\rightleftharpoons}} mA^{n+}(aq) + nB^{m-}(aq)$$

其离子积 Q（难溶电解质溶解反应的反应商）可表示为：

$$Q = \{c(A^{n+})/c^{\ominus}\}^m \cdot \{c(B^{m-})/c^{\ominus}\}^n$$

①若 $Q > K_{sp}^{\ominus}$，溶液处于过饱和状态。沉淀可从溶液中析出。

②若 $Q = K_{sp}^{\ominus}$，溶液为饱和溶液，处于沉淀-溶解平衡状态。

③若 $Q < K_{sp}^{\ominus}$，溶液为不饱和溶液。若溶液中已有沉淀存在，则沉淀会溶解。

4. 溶度积原理的应用

（1）沉淀的生成

$Q > K_{sp}^{\ominus}$ 是沉淀生成的条件。为使离子沉淀完全，一般可加入过量（20%～30%）的沉淀剂。同离子效应以及溶液酸度影响沉淀的完全程度。当溶液中离子浓度≤1.0×10^{-5} mol·L^{-1}，可认为该离子已被定性沉淀完全。

（2）判断分步沉淀的先后次序

离子分步沉淀的先后次序取决于沉淀物的类型、$K_{sp}^{\ominus}$ 和被沉淀离子的浓度。对于同一类型的难溶电解质，当被沉淀离子浓度相同时，沉淀物 $K_{sp}^{\ominus}$ 小的先沉淀，$K_{sp}^{\ominus}$ 大的则后沉淀；若溶液中离子浓度不同或沉淀类型不同时，需通过计算，得出生成不同难溶电解质所需沉淀剂浓度的大小来确定。

（3）沉淀的转化

沉淀转化反应的完全程度主要由沉淀物的溶度积、类型及试剂浓度所决定。在主要反应物化学计量数为 1 或 −1 时，若反应的标准平衡常数小于 10^{-6}，反应极难发生，若大于 10^{6}，反应易于发生，若介于二者之间，则加入过量试剂增大试剂浓度，反应亦可能发生。类型相同的难溶电解质，溶度积较大的沉淀易于转化为溶度积较小的沉淀。

（4）沉淀的溶解

$Q < K_{sp}^{\ominus}$ 是沉淀溶解的条件。欲使沉淀溶解，需设法降低溶液中相关离子的浓度，方法有：

①酸溶。一般适用于阴离子为碱性的难溶电解质（难溶弱酸盐、难溶氢氧化物）。根据反应的标准平衡常数：

$$MB(s) + H^+(aq) = M^+(aq) + HB(aq)$$

$$K^{\ominus} = \frac{K_{sp}^{\ominus}}{K_a^{\ominus}}$$

可知，沉淀的溶度积越大，生成的酸离解常数越小，反应完成的趋势越高。

②利用氧化还原反应使沉淀溶解。

③生成配合物使沉淀溶解。

④利用多种反应即"综合法"使沉淀溶解。

5.同离子效应和盐效应

①在难溶电解质的溶液中，加入含有与难溶电解质离解产物相同离子的易溶强电解质，使沉淀-溶解平衡向沉淀生成的方向移动，从而降低难溶电解质的溶解度的作用，称为同离子效应。

②在难溶电解质饱和溶液中加入不含相同离子的强电解质，则会使难溶电解质的溶解度略有增大，这种作用称为盐效应。

二、典型例题解析

例 8.1 在 $Ca_3(PO_4)_2$ 的饱和溶液中，$c(Ca^{2+})=2.0\times10^{-6}\ mol\cdot L^{-1}$，$c(PO_4^{3-})=1.58\times10^{-6}\ mol\cdot L^{-1}$，则 $Ca_3(PO_4)_2$ 的溶度积 $K_{sp}^{\ominus}$ 为：

A. 2.0×10^{-29}； B. 3.2×10^{-12}； C. 6.3×10^{-18}； D. 5.1×10^{-27}。

解：

$$\because K_{sp}^{\ominus}\{Ca_3(PO_4)_2\}=\{c^{eq}(Ca^{2+})/c^{\ominus}\}^3\cdot\{c^{eq}(PO_4^{3-})/c^{\ominus}\}^2=(2.0\times10^{-6})^3\times(1.58\times10^{-6})^2=2.0\times10^{-29}$$

故答案 A 正确。

例 8.2 欲增加 $Fe(OH)_2$ 在水中的溶解度，可采用的方法是：

A. 增大溶液 pH； B. 加入 NH_4Cl；

C. 加入 $FeSO_4$； D. 加入适量水。

解：

$Fe(OH)_2(s)=Fe^{2+}(aq)+2OH^-(aq)$，对于 A、C 选项，增大了产物离子浓度，平衡向逆反应方向移动，从而减小 $Fe(OH)_2$ 在水中的溶解度；D 选项不影响 $Fe(OH)_2$ 在水中的溶解度；B 选项加入 NH_4Cl，NH_4^+ 是酸，可与 OH^- 反应，减少溶液中 OH^- 浓度，平衡正向移动，增大 $Fe(OH)_2$ 溶解度，故答案 B 正确。

例 8.3 已知 $K_{sp}^{\ominus}(AgCl)=1.8\times10^{-10}$，$K_{sp}^{\ominus}(Ag_2CO_3)=8.45\times10^{-12}$，$K_{sp}^{\ominus}(AgI)=8.5\times10^{-17}$。某溶液中含有浓度 c 均为 $0.1\ mol\cdot L^{-1}$ 的 Cl^-、CO_3^{2-}、I^-，若往此溶液中逐滴加入 $AgNO_3$ 溶液，产生沉淀的先后次序是：

A. AgI、Ag_2CO_3、AgCl； B. Ag_2CO_3、AgI、AgCl；

C. AgCl、Ag_2CO_3、AgI； D. AgI、AgCl、Ag_2CO_3。

解：

设开始生成 AgCl、Ag_2CO_3、AgI 沉淀所需的 Ag^+ 浓度分别为 x、y、$z\ mol\cdot L^{-1}$，则

$$x/c^{\ominus}=\frac{K_{sp}^{\ominus}(AgCl)}{c(Cl^{-})/c^{\ominus}}=\frac{1.8\times10^{-10}}{0.1}=1.8\times10^{-9}$$

$$y/c^{\ominus}=\sqrt{\frac{K_{sp}^{\ominus}(Ag_2CO_3)}{c(CO_3^{2-})/c^{\ominus}}}=\sqrt{\frac{8.45\times10^{-12}}{0.1}}=9.2\times10^{-6}$$

$$z/c^{\ominus}=\frac{K_{sp}^{\ominus}(AgI)}{c(I^{-})/c^{\ominus}}=\frac{8.5\times10^{-17}}{0.1}=8.5\times10^{-16}$$

产生沉淀的先后次序是 AgI－AgCl－Ag_2CO_3。答案 D 正确。

例 8.4　在 $c(NaOH)=0.10\ mol\cdot L^{-1}$ 的氢氧化钠溶液中，$Mg(OH)_2$ 的溶解度 $S/(mol\cdot L^{-1})$为：

A. $5K_{sp}^{\ominus}\{Mg(OH)_2\}$；　　B. $10K_{sp}^{\ominus}\{Mg(OH)_2\}$；

C. $25K_{sp}^{\ominus}\{Mg(OH)_2\}$；　　D. $100K_{sp}^{\ominus}\{Mg(OH)_2\}$。

解：

$Mg(OH)_2(s)=Mg^{2+}(aq)+2OH^{-}(aq)$，故：$S/c^{\ominus}=K_{sp}^{\ominus}/\{c(OH^{-})/c^{\ominus}\}^2$。$c(OH^{-})=0.10\ mol\cdot L^{-1}$，得：

$S/(mol\cdot L^{-1})=\dfrac{K_{sp}^{\ominus}}{0.10^2}=100K_{sp}^{\ominus}$。故答案 D 正确。答案 A 按 $S/(mol\cdot L^{-1})=\dfrac{K_{sp}^{\ominus}}{2\times0.10}$计算，答案 B 按 $S/(mol\cdot L^{-1})=\dfrac{K_{sp}^{\ominus}}{0.10}$计算，答案 C 按 $S/(mol\cdot L^{-1})=\dfrac{K_{sp}^{\ominus}}{(2\times0.10)^2}$计算，均不正确。

例 8.5　在 $c(CrO_4^{2-})=0.10\ mol\cdot L^{-1}$ 的溶液中，Ag_2CrO_4 的溶解度 $S/(mol\cdot L^{-1})$ 等于：

A. $\sqrt[3]{\dfrac{K_{sp}^{\ominus}(Ag_2CrO_4)}{4}}$；　　B. $\sqrt{2.5K_{sp}^{\ominus}(Ag_2CrO_4)}$；

C. $\sqrt{5K_{sp}^{\ominus}(Ag_2CrO_4)}$；　　D. $\sqrt{10K_{sp}^{\ominus}(Ag_2CrO_4)}$。

解：

$Ag_2CrO_4(s)=2Ag^{+}(aq)+CrO_4^{2-}(aq)$

$K_{sp}^{\ominus}(Ag_2CrO_4)=\{c(Ag^{+})/c^{\ominus}\}^2\{c(CrO_4^{2-})/c^{\ominus}\}$

$c(Ag^{+})=2S$

故：$(2S/c^{\ominus})^2\times0.10=K_{sp}^{\ominus}(Ag_2CrO_4)$

得：$S/(mol\cdot L^{-1})=\sqrt{2.5K_{sp}^{\ominus}(Ag_2CrO_4)}$，故答案 B 正确。其他答案错误之处，请读者自行分析。

例 8.6 下列物质，难溶于强酸的为：

A. $Co(OH)_3$；　B. CaC_2O_4；　C. CuI；　D. $BaCrO_4$。

解：

答案 A 与 B 中，其阴离子分别为强碱和较强的碱，故易溶于强酸，答案 A 与 B 不正确；

CrO_4^{2-} 在酸中转化为 $Cr_2O_7^{2-}$：$2CrO_4^{2-}+2H^+=Cr_2O_7^{2-}+H_2O$，所以铬酸盐均可溶于强酸，答案 D 不正确。CuI 中，阴离子为 I^-，不易接受质子，CuI 不溶于强酸，故答案 C 正确。

例 8.7 下列试剂中能使 $CaSO_4(s)$溶解度增大的是：

A. NH_4Ac；　B. Na_2SO_4；　C. $CaCl_2$；　D. H_2O。

解：

答案 A 正确。这是产生了盐效应的结果，因为溶液中离子浓度增高，使离子强度增大，因而异号离子间作用增大，使得离子活度降低，沉淀-溶解平衡向离解方向移动所致。加入 B 和 C 都会引起同离子效应，导致 $CaSO_4$ 溶解度降低。

例 8.8 向含有 Cl^-、I^- 的溶液中加入足量 $AgNO_3$，使 AgCl，AgI 均有沉淀生成。此溶液中离子浓度比 $c(Cl^-)/c(I^-)$：($K_{sp}^{\ominus}(AgCl)=1.0\times10^{-10}$，$K_{sp}^{\ominus}(AgI)=1.0\times10^{-16}$)

A. 等于 0.1；　B. 等于 10^6；

C. 等于 10^{-6}；　D. 不确定，随 Ag^+ 浓度加大而降低。

解：

因两个沉淀同时存在于一溶液中，溶液中同时存在两个沉淀-溶解平衡，Ag^+ 同时参加这两个平衡，是多重平衡系统：

$$K_{sp}^{\ominus}(AgCl)=\{c(Ag^+)/c^{\ominus}\}\{c(Cl^-)/c^{\ominus}\}$$
$$K_{sp}^{\ominus}(AgI)=\{c(Ag^+)/c^{\ominus}\}\{c(I^-)/c^{\ominus}\}$$

二式中 $c(Ag^+)$相同。二式相除，得$\dfrac{c(Cl^-)}{c(I^-)}=\dfrac{K_{sp}^{\ominus}(AgCl)}{K_{sp}^{\ominus}(AgCl)}=10^6$。故答案 B 正确。此比值与银离子浓度无关，故答案 D 不正确。

例 8.9 关于 A，B 二离子分步沉淀的顺序，下列说法正确的是：

A. 溶解度小者先沉淀；　B. 溶度积小者先沉淀；

C. 浓度大者先沉淀；　D. 分步沉淀顺序与沉淀类型、溶度积、二离子浓度有关。

解：

答案 D 正确。

例 8.10　利用分步沉淀分离 A、B 二离子，能否使 A 离子沉淀完全而 B 离子不被沉淀，即影响二离子彻底分离的因素是________、________、________。

解：

设 A 与沉淀剂生成 A_2D 沉淀，B 与沉淀剂生成 BD 沉淀。若 A 先被沉淀。B 开始被沉淀时，

$$\{c(A)/c^{\ominus}\}^2\{c(D)/c^{\ominus}\}=K_{sp}^{\ominus}(A_2D)$$

$$\{c(B)/c^{\ominus}\}\{c(D)/c^{\ominus}\}=K_{sp}^{\ominus}(BD)$$

$$得：c(A)/c^{\ominus}=\sqrt{\frac{c(B)/c^{\ominus}\cdot K_{sp}^{\ominus}(A_2D)}{K_{sp}^{\ominus}(BD)}}$$

所以，B 开始被沉淀时 $c(A)$ 能否降低到 $10^{-5}\ mol\cdot L^{-1}$，与沉淀类型、溶度积、B 离子浓度有关。请读者注意与例 8.9 比较。

例 8.11　$Mg(OH)_2$ 和 $MnCO_3$ 两难溶电解质的 $K_{sp}^{\ominus}$ 数值相近。在 $Mg(OH)_2$ 和 $MnCO_3$ 两饱和溶液中，$c(Mg^{2+})$、$c(Mn^{2+})$ 较大者为______，$c(CO_3^{2-})$ 与 $c(OH^-)$ 较大者为______。

解：

设 $Mg(OH)_2$ 和 $MnCO_3$ 两难溶电解质的溶解度分别为 x、y $mol\cdot L^{-1}$，则 $c(Mg^{2+})=x\ mol\cdot L^{-1}$，$c(OH^-)=2x\ mol\cdot L^{-1}$，$c(Mn^{2+})=y\ mol\cdot L^{-1}$，$c(CO_3^{2-})=y\ mol\cdot L^{-1}$，根据溶度积 $K_{sp}^{\ominus}$ 的定义及已知条件，则 $4(x/c^{\ominus})^3\approx(y/c^{\ominus})^2\ll 1$，所以 $x>y$，$2x>y$，即 $c(Mg^{2+})>c(Mn^{2+})$，$c(OH^-)>c(CO_3^{2-})$。

例 8.12　两难溶电解质相比较，溶度积 $K_{sp}^{\ominus}$ 大的溶解度 S 一定大吗？为什么？

解：

不一定。因为不同类型的难溶电解质，溶度积与溶解度之间的关系不同。

例 8.13　AgCl 分别用 NaI 和 Na_2CrO_4 处理，沉淀能否转化？为什么？

解：

$$AgCl(s)+I^-(aq)=AgI(s)+Cl^-(aq)$$

$$K^{\ominus}=\frac{c(Cl^-)/c^{\ominus}}{c(I^-)/c^{\ominus}}=\frac{K_{sp}^{\ominus}(AgCl)}{K_{sp}^{\ominus}(AgI)}=\frac{1.77\times10^{-10}}{8.51\times10^{-17}}=2.1\times10^{6}>10^{6}$$

∴AgCl 易于转化为 AgI。

而对于 $2AgCl(s)+CrO_4^{2-}(aq)=Ag_2CrO_4(s)+2Cl^-(aq)$

$$K^{\ominus}=\frac{\{c(Cl^-)/c^{\ominus}\}^2}{c(CrO_4^{2-})/c^{\ominus}}=\frac{\{K_{sp}^{\ominus}(AgCl)/c^{\ominus}\}^2}{K_{sp}^{\ominus}(Ag_2CrO_4)}=\frac{(1.77\times10^{-10})^2}{1.12\times10^{-12}}=2.8\times10^{-8}<10^{-6}$$

∴AgCl 难以转化为 Ag_2CrO_4。

例 8.14 将 $c(NaOH)=0.20\ mol\cdot L^{-1}$ 的氢氧化钠溶液 75 mL 与 25 mL $c(H_2C_2O_4)=0.4\ mol\cdot L^{-1}$ 的草酸溶液混合，问：

(1)该溶液的 pH 是多少？

(2)判断上述混合液中，加入 1.0 mL $c(MgCl_2)=2.0\ mol\cdot L^{-1}$ 的氯化镁溶液，是否会产生 MgC_2O_4 沉淀或 $Mg(OH)_2$ 沉淀？

解：

(1)$n(NaOH)=75\times10^{-3}\,L\times0.20\ mol\cdot L^{-1}=0.015\ mol$

$n(H_2C_2O_4)=25\times10^{-3}\,L\times0.40\ mol\cdot L^{-1}=0.010\ mol$

$$H_2C_2O_4+NaOH=NaHC_2O_4+H_2O$$
$$NaHC_2O_4+NaOH=Na_2C_2O_4+H_2O$$

故反应完成后，该溶液中有 0.005 mol 的 $NaHC_2O_4$ 和 0.005 mol 的 $Na_2C_2O_4$，则

$$pH=pK_{a2}^{\ominus}(H_2C_2O_4)-\lg\frac{n(NaHC_2O_4)}{n(Na_2C_2O_4)}=-\lg(6.40\times10^{-5})-\lg\left(\frac{0.005}{0.005}\right)=4.19$$

(2)$c(Mg^{2+})/c^{\ominus}=\dfrac{2.0\times0.001}{0.101}$，$c(C_2O_4^{2-})/c^{\ominus}=\dfrac{0.005}{0.101}$

$c(OH^-)/c^{\ominus}=10^{-(14-4.19)}=1.55\times10^{-10}$

$\because\ Q(MgC_2O_4)=\{c(Mg^{2+})/c^{\ominus}\}\cdot\{c(C_2O_4^{2-})/c^{\ominus}\}=\dfrac{2.0\times0.001}{0.101}\times\dfrac{0.005}{0.101}$ $=9.8\times10^{-4}$

而 $K_{sp}^{\ominus}(MgC_2O_4)=8.6\times10^{-5}$，即 $Q(MgC_2O_4)>K_{sp}^{\ominus}(MgC_2O_4)$

$\therefore$ 有 MgC_2O_4 沉淀生成。

$\because Q\{Mg(OH)_2\}=\{c(Mg^{2+})/c^{\ominus}\}\cdot\{c(OH^-)/c^{\ominus}\}^2=\dfrac{2.0\times0.001}{0.101}\times(1.55\times10^{-10})^2=4.7\times10^{-22}$

而 $K_{sp}^{\ominus}\{Mg(OH)_2\}=5.6\times10^{-12}$，即 $Q\{Mg(OH)_2\}<K_{sp}^{\ominus}\{Mg(OH)_2\}$

$\therefore$ 没有 $Mg(OH)_2$ 沉淀生成。

例 8.15 向 $c\{Ca(NO_3)_2\}=0.10\ mol\cdot L^{-1}$ 的硝酸钙溶液中吹入 $CO_2(g)$ 至饱和，有无 $CaCO_3$ 沉淀产生？能否用 $Ca(NO_3)_2$ 溶液代替石灰水检验 CO_2？为什么？

解：

$c(CO_3^{2-})/c^{\ominus}=K_{a2}^{\ominus}(H_2CO_3)=5.61\times10^{-11}$

$\{c(Ca)/c^{\ominus}\}\{c(CO_3^{2-})/c^{\ominus}\}=5.61\times10^{-12}< K_{sp}^{\ominus}(CaCO_3)$

所以无沉淀生成，不能用硝酸钙溶液代替氢氧化钙溶液来检验 CO_2。原因是在 CO_2 溶液中，碱性较低，CO_3^{2-} 不是 CO_2 的主要存在形体，即碳酸根浓度过低。

例 8.16　若反应 $M(OH)_2 + 2NH_4^+ = M^{2+} + 2NH_3 + 2H_2O$ 的标准平衡常数大于 10^{-6}，该难溶氢氧化物即可溶于铵盐水溶液。此类难溶氢氧化物的溶度积最低为多少？请从数据表查找，哪些难溶的二价金属离子氢氧化物可溶于铵盐水溶液。

解：

$M(OH)_2 + 2NH_4^+ = M^{2+} + 2NH_3 + 2H_2O$

$K^{\ominus} = K_{sp}^{\ominus}\{M(OH)_2\}/\{K_b^{\ominus}(NH_3)\}^2$。$K_b^{\ominus}(NH_3) = 1.8\times10^{-5}$。为使 $K^{\ominus}$ 大于 10^{-6}，$K_{sp}^{\ominus}\{M(OH)_2\}$ 应大于 3×10^{-16}。故 $Mg(OH)_2$、$Mn(OH)_2$、$Ca(OH)_2$ 等均可溶于铵盐水溶液。

例 8.17　向一 $c(Mn^{2+}) = c(Pb^{2+}) = 0.1\ mol\cdot L^{-1}$ 的溶液中通入 H_2S 至饱和($0.1\ mol\cdot L^{-1}$)，欲将二者定量分离，溶液酸度应控制在什么范围？已知 $K_{sp}^{\ominus}(MnS) = 1.4\times10^{-15}$，$K_{sp}^{\ominus}(PbS) = 3.4\times10^{-28}$，$K_{a1}^{\ominus}(H_2S) = 1.3\times10^{-7}$，$K_{a2}^{\ominus}(H_2S) = 7.1\times10^{-15}$。

解：

MnS 开始沉淀时：$c(S^{2-})/c^{\ominus} = \dfrac{K_{sp}^{\ominus}(MnS)}{c(Mn^{2+})/c^{\ominus}} = \dfrac{1.4\times10^{-15}}{0.10} = 1.4\times10^{-14}$

PbS 沉淀完全时：$c(S^{2-})/c^{\ominus} = \dfrac{K_{sp}^{\ominus}(PbS)}{c(Pb^{2+})/c^{\ominus}} = \dfrac{3.4\times10^{-28}}{1.0\times10^{-6}} = 3.4\times10^{-22}$

根据　$c(S^{2-})/c^{\ominus} = \dfrac{K_{a1}^{\ominus}\cdot K_{a2}^{\ominus}\cdot c(H_2S)/c^{\ominus}}{\{c(H^+)/c^{\ominus}\}^2}$

可得：MnS 开始生成时，$c(S^{2-}) = 1.4\times10^{-14}\ mol\cdot L^{-1}$，$c^{eq}(H^+) = 8.1\times10^{-5}\ mol\cdot L^{-1}$

$pH = 4.1$

PbS 沉淀完全时，$c(S^{2-}) = 3.4\times10^{-22}\ mol\cdot L^{-1}$，$c^{eq}(H^+) = 0.50\ mol\cdot L^{-1}$

根据反应：　$H_2S + Pb^{2+} = PbS + 2H^+$

$0.50\ mol\cdot L^{-1} - 0.20\ mol\cdot L^{-1} = 0.30\ mol\cdot L^{-1}$

故：将溶液酸度调节至 $c(H^+)$ 不高于 $0.30\ mol\cdot L^{-1}$、不高于 $pH = 4.1$ 即可实现二者定量分离。实际工作中，可采用通入硫化氢气体至饱和(约 $0.1\ mol\cdot L^{-1}$)，利用调节介质酸度控制溶液中硫离子的方法实现离子分离。

例 8.18 将 0.10 mol MnS 完全溶解于 1.0 L 乙酸中。计算所需乙酸的最低浓度。

解：

$$MnS + 2HAc = Mn^{2+} + 2Ac^{-} + H_2S$$

$c^{eq}(HAc)/mol \cdot L^{-1}$：　　0.10　0.20　0.10

方法 1：

$$K^{\ominus} = \frac{\{c(Mn^{2+})/c^{\ominus}\} \cdot \{c(Ac^{-})/c^{\ominus}\}^2 \cdot \{c(H_2S)/c^{\ominus}\}}{\{c^{eq}(HAc)/c^{\ominus}\}^2} = \frac{K_{sp}^{\ominus}(MnS) \cdot \{K_a^{\ominus}(HAc)\}^2}{K_{a1}^{\ominus}(H_2S) \cdot K_{a2}^{\ominus}(H_2S)}$$

∴ $c^{eq}(HAc) = 0.16\ mol \cdot L^{-1}$，因此溶解 0.10 mol MnS 需要乙酸的最低浓度为：

$$c_0(HAc) = 0.10\ mol \cdot L^{-1} \times 2 + 0.16\ mol \cdot L^{-1} = 0.36\ mol \cdot L^{-1}$$

方法 2：

根据溶度积规则，溶液中 $c(S^{2-})$ 浓度最高为：

$$c(S^{2-}) = c^{\ominus} \cdot \frac{K_{sp}^{\ominus}(MnS)}{c(Mn^{2+})/c^{\ominus}} = 4.65 \times 10^{-13}\ mol \cdot L^{-1}$$

由 S^{2-} 和 H_2S 的平衡浓度和 H_2S 的离解平衡：

$$H_2S = 2H^{+} + S^{2-}$$

$$\frac{\{c^{eq}(H^{+})/c^{\ominus}\}^2 \cdot \{c(S^{2-})/c^{\ominus}\}}{\{c(H_2S)/c^{\ominus}\}} = K_{a1}^{\ominus}(H_2S) \cdot K_{a2}^{\ominus}(H_2S)$$

代入数据得 $c^{eq}(H^{+}) = 1.41 \times 10^{-5}\ mol \cdot L^{-1}$，$pH = 4.85$

根据酸碱平衡：$pH = pK_a^{\ominus} - \lg \frac{c^{eq}(HAc)}{c^{eq}(Ac^{-})}$ 及 $c^{eq}(Ac^{-}) = 0.20\ mol \cdot L^{-1}$

得：$c^{eq}(HAc) = 0.16\ mol \cdot L^{-1}$，因此溶解 0.10 mol MnS 需要乙酸的最低浓度为：

$$c_0(HAc) = 0.10\ mol \cdot L^{-1} \times 2 + 0.16\ mol \cdot L^{-1} = 0.36\ mol \cdot L^{-1}$$

三、自我检查

8.1　下列关于 $K_{sp}^{\ominus}$ 的叙述正确的是：

A. $K_{sp}^{\ominus}$ 可由难溶电解质、有关水合离子的标准摩尔生成吉布斯自由能数据计算得到；

B. AgCl 的 $K_{sp}^{\ominus}$ 等于水溶液中银离子与氯离子相对浓度的乘积；

C. $K_{sp}^{\ominus}$ 只与难溶电解质的本性有关，而与外界条件无关；

D. $K_{sp}^{\ominus}$ 越大，难溶电解质的溶解度肯定越大。

8.2　向饱和 $CaCO_3$ 溶液中加水，下列叙述正确的是：

A. $CaCO_3$ 溶解度增大、$K_{sp}^{\ominus}$ 不变；　B. $CaCO_3$ 溶解度、$K_{sp}^{\ominus}$ 都增大；

C. $CaCO_3$ 溶解度不变、$K_{sp}^{\ominus}$ 增大；　D. $CaCO_3$ 溶解度、$K_{sp}^{\ominus}$ 都不变。

8.3　已知 $K_{sp}^{\ominus}\{Mn(OH)_2\} = 2.1\times10^{-13}$，向 $Mn(OH)_2$ 饱和溶液中加入 $MnCl_2$，使 Mn^{2+} 浓度为 0.001 $mol\cdot L^{-1}$，则该溶液的 pH 为：

A. 5.14；　B. 9.66；　C. 8.86；　D. 10.12。

8.4　已知 $K_{sp}^{\ominus}\{Sn(OH)_2\}=1.4\times10^{-28}$，在 pH = 10 的 $Sn(OH)_2$ 饱和溶液中，Sn^{2+} 的浓度为：

A. 1.4×10^{-8}；　B. 1.4×10^{-18}；　C. 1.4×10^{-20}；　D. 1.4×10^{-24}。

8.5　难溶电解质 FeS、ZnS、CuS 中，有的溶于 HCl，有的则不溶于 HCl，其主要原因是：

A. 摩尔质量不同；　B. 中心离子与 Cl^- 的配位能力不同；

C. $K_{sp}^{\ominus}$ 不同；　D. 溶解速率不同。

8.6　在强酸性介质中不可能溶解的沉淀是：

A. $PbCl_2$；　B. CaF_2；　C. PbS；　D. PbF_2。

8.7　欲使 M^{2+} 定性完全生成 MS 沉淀而与 $c(N^{2+}) = 0.01$ $mol\cdot L^{-1}$ 的杂质 N^{2+} 分离，MS 与 NS 的溶度积比值应：

A. $<10^{-3}$；　B. $<10^{-4}$；　C. $<10^{-5}$；　D. $<10^{-6}$。

8.8　下列反应式，正确的是：

A. $HgS + 4Cl^- + H_2O_2 + 2H^+ = HgCl_4^{2-} + S + 2H_2O$；

B. $CdS + 2H^+ = Cd^{2+} + H_2S$；

C. $Ag_2S + 2H^+ = 2Ag^+ + H_2S$；

D. $Mg^{2+}(aq) + CO_3^{2-}(aq) = MgCO_3(s)$。

8.9　能使 AgCl 溶解、AgBr 不溶解，即可将二者分离的试剂是：

A. $NH_3\cdot H_2O$；　B. $Na_2S_2O_3$；　C. KCN；　D. 饱和 $(NH_4)_2CO_3$。

8.10　某溶液中含有浓度均为 0.1 $mol\cdot L^{-1}$ 的 Ag^+、Sr^{2+}、Pb^{2+}、Ba^{2+} 四种阳离子，向该溶液中逐滴加入 K_2CrO_4 溶液时，沉淀的先后顺序是：

A. Ag_2CrO_4、$PbCrO_4$、$SrCrO_4$、$BaCrO_4$；

B. $PbCrO_4$、$BaCrO_4$、Ag_2CrO_4、$SrCrO_4$；

C. $SrCrO_4$、$PbCrO_4$、Ag_2CrO_4、$BaCrO_4$；

D. $PbCrO_4$、Ag_2CrO_4、$BaCrO_4$、$SrCrO_4$。

8.11 PbI_2、$CaCO_3$ 两难溶电解质的 $K^{\ominus}_{sp}$ 大小相近，在 PbI_2、$CaCO_3$ 两饱和水溶液中：

A. $c(Pb^{2+}) \approx c(Ca^{2+})$；　　B. $c(Pb^{2+}) < c(Ca^{2+})$；

C. $c(Pb^{2+}) > c(Ca^{2+})$；　　D. $c(I^-) < c(CO_3^{2-})$。

8.12 在含有足量铵盐的溶液中，能生成氢氧化物沉淀的离子是：

A. Al^{3+}；　B. Ca^{2+}；　C. Mg^{2+}；　D. Mn^{2+}。

8.13 已知 PbI_2 的溶度积常数 $K^{\ominus}_{sp} = 8.49 \times 10^{-9}$，则 PbI_2 在水中溶解度 S_1 为______ $mol \cdot L^{-1}$；在 0.01 $mol \cdot L^{-1}$ KI 溶液中的溶解度 S_2 为______ $mol \cdot L^{-1}$；在 0.01 $mol \cdot L^{-1}$ $Pb(NO_3)_2$ 溶液中的溶解度 S_3 为______ $mol \cdot L^{-1}$。

8.14 在一含有未溶解的 PbI_2 和 $PbSO_4$ 难溶电解质的溶液中，$c(I^-) = 2.0 \times 10^{-3}\ mol \cdot L^{-1}$，则 $c(SO_4^{2-}) =$__________。

8.15 在①$CaCO_3(K^{\ominus}_{sp} = 4.96 \times 10^{-9})$，②$CaF_2(K^{\ominus}_{sp} = 1.46 \times 10^{-10})$，③$Ca_3(PO_4)_2(K^{\ominus}_{sp} = 2.1 \times 10^{-33})$的饱和溶液中，$Ca^{2+}$ 浓度由大到小的顺序是：______。

8.16 溶液中含有浓度均为 0.01 $mol \cdot L^{-1}$ 的 KBr、KCl 和 K_2CrO_4，向此溶液中逐滴加入 $AgNO_3$ 溶液，生成沉淀的先后顺序为：__________。

8.17 难溶草酸盐溶于醋酸，可能发生两种反应：

(1)$MC_2O_4 + HAc = M^{2+} + HC_2O_4^- + Ac^-$

(2)$MC_2O_4 + 2HAc = M^{2+} + H_2C_2O_4 + 2Ac^-$

此二反应的标准平衡常数与草酸盐的溶度积、草酸的两级离解常数、醋酸的离解常数之间的关系分别为：(1)____________________，(2)________________。

已知草酸 $K^{\ominus}_{a1} = 5.9 \times 10^{-2}$，醋酸 $K^{\ominus}_{a} = 1.8 \times 10^{-5}$，故反应主要依反应式______________进行。

8.18 反应 $BaSO_4 + CO_3^{2-} = BaCO_3 + SO_4^{2-}$ 的标准平衡常数与二难溶物的溶度积关系为______________。若反应正向自发，溶液中 $c(CO_3^{2-})$与 $c(SO_4^{2-})$的比值需大于________。

8.19 水中若 $\rho(SO_4^{2-}) \geqslant 0.25\ g \cdot L^{-1}$ 时，则会因为腹泻而不能饮用，如果地下水流经石膏矿($CaSO_4 \cdot 2H_2O$)并被 $CaSO_4$ 饱和，此水还能否饮用？

8.20 计算下列各酸溶反应的标准平衡常数，并用计算结果说明沉淀溶解的可能性。

(1)$PbS(s)+2HAc=Pb^{2+}+H_2S+2Ac^-$

(2)$MgCO_3(s)+2HAc=Mg^{2+}+H_2CO_3+2Ac^-$

(3)$Fe(OH)_3(s)+3HAc=Fe^{3+}+3H_2O+3Ac^-$

8.21 在含有 0.10 $mol\cdot L^{-1}$ HAc 和 0.10 $mol\cdot L^{-1}$ $CuSO_4$ 的混合溶液中，通入 H_2S 气体达饱和，是否有 CuS 沉淀生成？

8.22 混合溶液中含有 0.010 $mol\cdot L^{-1}$ 的 Pb^{2+} 和 0.10 $mol\cdot L^{-1}$ 的 Ba^{2+}，向溶液中逐滴加入 K_2CrO_4 溶液，何者先沉淀？当第二种沉淀出现时，第一种离子的浓度是多少？能否用 K_2CrO_4 将 Pb^{2+} 与 Ba^{2+} 完全分离？

8.23 将 50 mL 0.20 $mol\cdot L^{-1}$ 的 $MgCl_2$ 溶液和 50 mL 0.1 $mol\cdot L^{-1}$ 的 $NH_3\cdot H_2O$ 溶液混合时，有无 $Mg(OH)_2$ 沉淀生成？为了使溶液不析出 $Mg(OH)_2$ 沉淀，在溶液中至少要加入多少克 $NH_4Cl(s)$？（忽略加入固体引起的体积变化）

8.24 正常人尿液，pH = 6.30，其中磷酸总浓度为 0.020 $mol\cdot L^{-1}$。

(1)尿液中，磷酸主要以哪几种型体存在？

(2)计算尿液中磷酸根浓度 $c(PO_4^{3-})$。

(3)尿道结石主要成分是磷酸钙。为防止尿结石的生成，尿液中游离的钙离子浓度 $c(Ca^{2+})$ 不得高于多少？

8.25 提纯粗食盐时，在食盐溶液中加入 $BaCl_2$ 以除去硫酸根等阴离子杂质后，必须先过滤，将沉淀与溶液分开后，再加 Na_2CO_3 于溶液中以除去杂质阳离子。试解释必须先过滤的原因。

8.26 “强酸一定可以把弱酸从其盐中置换出，而弱酸一定不能把强酸从其盐中置换出。”这种说法正确吗？

自我检查参考答案

8.1 A　8.2 D　8.3 B　8.4 C　8.5 C　8.6 A　8.7 A　8.8 A　8.9 D

8.10 D　8.11 C　8.12 A

8.13 1.29×10^{-3}；8.49×10^{-5}；4.60×10^{-4}

8.14 8.58×10^{-6} $mol\cdot L^{-1}$

8.15 ②>①>③

8.16 AgBr、AgCl、Ag_2CrO_4

8.17

$$K_1^{\ominus}=\frac{K_{sp}^{\ominus}K_a^{\ominus}(HAc)}{K_{a2}^{\ominus}(H_2C_2O_4)}$$

$$K_2^{\ominus}=\frac{K_{sp}^{\ominus}\{K_a^{\ominus}(HAc)\}^2}{K_{a1}^{\ominus}(H_2C_2O_4)K_{a2}^{\ominus}(H_2C_2O_4)}$$

因 $K_{a1}^{\ominus}(H_2C_2O_4)>K_a^{\ominus}(HAc)$，故 $K_1^{\ominus}>K_2^{\ominus}$，反应主要依 1 进行

8.18　$K_{sp}^{\ominus}(BaSO_4)/K_{sp}^{\ominus}(BaCO_3)$，$1/K^{\ominus}$

8.19　设 $CaSO_4$ 的溶解度为 S mol·L^{-1},则

$\because K_{sp}^{\ominus}(CaSO_4)=\{c^{eq}(Ca^{2+})/c^{\ominus}\}\cdot\{c^{eq}(SO_4^{2-})/c^{\ominus}\}=(S/c^{\ominus})^2=7.10\times10^{-5}$

$\therefore c^{eq}(SO_4^{2-})=S=8.43\times10^{-3}$ mol·L^{-1}

即此时,$\rho^{eq}(SO_4^{2-})=8.43\times10^{-3}$ mol·L$^{-1}\times96$ g·mol$^{-1}=0.81$ g·L$^{-1}>$ 0.25 g·L^{-1}

可见,被 $CaSO_4$ 饱和的地下水是不能饮用的。

8.20　(1)3.03×10^{-17},PbS 不溶于 HAc;

(2)87.6,$MgCO_3$ 可溶解于 HAc;

(3)1.44×10^{-11},$Fe(OH)_3$ 不溶于 HAc

8.21　有 CuS 沉淀生成

8.22　(1)先生成 $PbCrO_4$ 沉淀;(2)1.51×10^{-5} mol·L^{-1};(3)不能用 K_2CrO_4 将 Pb^{2+} 与 Ba^{2+} 完全分离

8.23　有 $Mg(OH)_2$ 沉淀生成;0.37 g

8.24　$H_2PO_4^-$ 和 HPO_4^{2-};　1.9×10^{-9} mol·L^{-1};　8.3×10^{-6} mol·L^{-1}

8.25　防止由于沉淀转化,硫酸根等杂质阴离子重新进入溶液

8.26　不正确。强酸与难溶弱酸盐反应,难溶盐溶度积越小,平衡常数越小,反应不易进行;弱酸与强酸盐反应,生成的难溶弱酸盐溶度积越小,平衡常数越大,反应易于进行

四、习题答案

8.1　$K_{sp}^{\ominus}(AgBr)=\{c(Ag^+)/c^{\ominus}\}\{c(Br^-)/c^{\ominus}\}$

$K_{sp}^{\ominus}(Ag_2S)=\{c(Ag^+)/c^{\ominus}\}^2\{c(S^{2-})/c^{\ominus}\}$

$K_{sp}^{\ominus}\{Ca_3(PO_4)_2\}=\{c(Ca^{2+})/c^{\ominus}\}^3\{c(PO_4^{3-})/c^{\ominus}\}^2$

$K_{sp}^{\ominus}(MgNH_4AsO_4)=\{c(Mg^{2+})/c^{\ominus}\}\{c(NH_4^+)/c^{\ominus}\}\{c(AsO_4^{3-})/c^{\ominus}\}$

8.2　平衡时　　$Fe(OH)_3(s)=Fe^{3+}(aq)+3OH^-(aq)$

c^{eq}/mol·L^{-1}　　　$S/c^{\ominus}$　　　$3S/c^{\ominus}$

$\because K_{sp}^{\ominus}(Fe(OH)_3)=\{c^{eq}(Fe^{3+})/c^{\ominus}\}\cdot\{c^{eq}(OH^-)/c^{\ominus}\}^3=(S/c^{\ominus})\cdot(3S/c^{\ominus})^3=27(S/c^{\ominus})^4$

$$\therefore (S/c^{\ominus})=\sqrt[4]{\frac{K_{sp}^{\ominus}}{27}}=\sqrt[4]{\frac{2.64\times10^{-39}}{27}}=9.94\times10^{-11}$$

即 $S=9.94\times10^{-11}\ \mathrm{mol\cdot L^{-1}}$

由以上计算结果，可计算出 $c(OH^-)$ 约等于 $3\times10^{-10}\ \mathrm{mol\cdot L^{-1}}$，溶液显酸性，显然不合理。在计算溶度积极小的难溶氢氧化物溶解度时，不能忽略水的离解，因为溶液中 OH^- 主要来自水的离解。正确合理的近似计算方法如下：

因氢氧化铁在水中溶解度极小，溶液 pH 约等于 7.0，即 $c(OH^-)=1.0\times10^{-7}\ \mathrm{mol\cdot L^{-1}}$。

$$S=c(Fe^{3+})=c^{\ominus}\times\frac{K_{sp}^{\ominus}}{\{c(OH^-)/c^{\ominus}\}^3}=\frac{2.64\times10^{-39}\ \mathrm{mol/L}}{(1.0\times10^{-7})^3}=2.6\times10^{-18}\ \mathrm{mol\cdot L^{-1}}$$

8.3

(1)

$$S=c^{\ominus}\sqrt[3]{\frac{K_{sp}^{\ominus}}{4}}=1.12\times10^{-4}\ \mathrm{mol/L}$$

(2)

$$S=c(Mg^{2+})=\frac{c^{\ominus}K_{sp}^{\ominus}}{\{c(OH^-)/c^{\ominus}\}^2}=5.6\times10^{-8}\ \mathrm{mol/L}$$

(3)

$$S=\frac{1}{2}c(OH^-)=\frac{c^{\ominus}}{2}\sqrt{\frac{K_{sp}^{\ominus}}{c(Mg^{2+})/c^{\ominus}}}=1.2\times10^{-5}\ \mathrm{mol/L}$$

8.4

(2)

8.5　$CaF_2(s) = Ca^{2+}(aq) + 2F^-(aq)$

　　$F^- + H^+ = HF$

$$\because pH=pK_a^{\ominus}(HF)-\lg\frac{c(HF)}{c(F^-)}$$

$$\therefore \frac{c(HF)}{c(F^-)}=0.028$$

根据：$2c(Ca^{2+}) = c(HF) + c(F^-) = 2S$，得：

$c(F^-) = 2S/1.028$

$K_{sp}^{\ominus}(CaF_2) = (S/c^{\ominus})(2S/1.028c^{\ominus})^2$

$S=3.38\times10^{-4}$ mol/L

8.6 此系统为多重平衡系统，所以：

$$\frac{K_{sp}^{\ominus}(CaCO_3)}{K_{sp}^{\ominus}(CaF_2)}=\frac{c(CO_3^{2-})/c^{\ominus}}{\{c(F^-)/c^{\ominus}\}^2}$$

$$c(CO_3^{2-})=\frac{4.96\times10^{-9}}{1.46\times10^{-10}}\times(2.0\times10^{-4})^2\ \text{mol/L}=1.36\times10^{-6}\ \text{mol/L}$$

8.7 $\therefore c(OH^-)/c^{\ominus}=\sqrt{K_b^{\ominus}(c/c^{\ominus})}=\sqrt{1.77\times10^{-5}\times0.050}=9.5\times10^{-4}$

$\{c(Mg^{2+})/c^{\ominus}\}\{c(OH^-)/c^{\ominus}\}^2=0.25\times(9.5\times10^{-4})^2=2.3\times10^{-7}>K_{sp}^{\ominus}\{Mg(OH)_2\}$

故有氢氧化镁沉淀生成。

为防止沉淀生成，$c(OH^-)/c^{\ominus}$ 的最大值为：

$$c(OH^-)/c^{\ominus}=\sqrt{\frac{K_{sp}^{\ominus}}{c(Mg^{2+})/c^{\ominus}}}=4.74\times10^{-6}$$

pOH=5.32

$$\because pOH=pK_b^{\ominus}(NH_3)-\lg\frac{c(NH_3)}{c(NH_4^+)}$$

$$\lg\frac{c(NH_3)}{c(NH_4^+)}=4.75-5.32=-0.57$$

$$\therefore c(NH_4^+)=\frac{0.050\ \text{mol}\cdot\text{L}^{-1}}{0.27}=0.19\ \text{mol}\cdot\text{L}^{-1}$$

$m(NH_4Cl)=c(NH_4^+)\cdot V\cdot M(NH_4Cl)=0.41$ g

8.8 欲使 $Fe(OH)_3$ 沉淀完全：

$$c(OH^-)/c^{\ominus}>\sqrt[3]{\frac{K_{sp}^{\ominus}\{Fe(OH)_3\}}{10^{-5}}}$$

$c(OH^-)/c^{\ominus}>6.4\times10^{-12}$

pH>2.8

欲使 $Fe(OH)_2$ 不发生沉淀：

$$c(OH^-)/c^{\ominus}<\sqrt{\frac{K_{sp}^{\ominus}\{Fe(OH)_2\}}{0.05}}=3.12\times10^{-8}$$

pH<6.5

所以应控制 pH 在 2.8～6.5 范围。

8.9　$c(S^{2-})/c^{\ominus}=\frac{K_{a1}^{\ominus}K_{a2}^{\ominus}\{c(H_2S)/c^{\ominus}\}}{\{c(H^+)/c^{\ominus}\}^2}=\frac{9.2\times10^{-22}\times0.10}{0.30^2}=1.0\times10^{-21}$

故不被沉淀的离子 M^{2+} 的硫化物的溶度积最小为：

$K_{sp}^{\ominus}=\{c(M^{2+})/c^{\ominus}\}\{c(S^{2-})/c^{\ominus}\}=0.01\times1.0\times10^{-21}=1.0\times10^{-23}$

所以，Mn^{2+}，Ni^{2+} 不被沉淀。

离子被完全定性沉淀时，$c(M^{2+})\leqslant10^{-5}$ mol · L^{-1}，故可被沉淀完全的硫化物溶度积的最大值为：

$K_{sp}^{\ominus}=10^{-5}\times1\times10^{-21}=10^{-26}$

所以可被沉淀完全的离子为：Pb^{2+}，Cd^{2+}，Hg^{2+}，Cu^{2+}。

8.10　设所需 HCl 浓度为 c mol · L^{-1}

$$ZnS(s)+2H^+(aq)=Zn^{2+}(aq)+H_2S(aq)$$

c^{eq}/mol · L^{-1}　　$c^{eq}(H^+)$　　0.1　　0.1

$$K^{\ominus}=\frac{K_{sp}^{\ominus}(ZnS)}{K_{a1}^{\ominus}\cdot K_{a2}^{\ominus}}=\frac{2.93\times10^{-25}}{9.23\times10^{-22}}=3.17\times10^{-4}$$

$$=\frac{\{c(Zn^{2+})/c^{\ominus}\}\cdot\{c(H_2S)/c^{\ominus}\}}{\{c^{eq}(H^+)/c^{\ominus}\}^2}=\frac{(0.1)^2}{\{c^{eq}(H^+)/c^{\ominus}\}^2}$$

$\therefore c^{eq}(H^+)/c^{\ominus}=5.62$

$\therefore c(HCl)=c^{eq}(H^+)+0.1\ \text{mol}\cdot\text{L}^{-1}\times2=5.82\ \text{mol}\cdot\text{L}^{-1}$

8.11　ZnS、MnS 属同种类型的沉淀，由于 $K_{sp}^{\ominus}(ZnS)\ll K_{sp}^{\ominus}(MnS)$，所以通入 H_2S 后，ZnS 先沉淀，只有当溶液中 $c(Zn^{2+})<1.0\times10^{-5}$ mol · L^{-1} 时，才可以认为 ZnS 沉淀完全，Zn^{2+} 与 Mn^{2+} 完全分离，因此溶液中

$$c(S^{2-})/c^{\ominus}\geqslant\frac{K_{sp}^{\ominus}(ZnS)}{1.0\times10^{-5}}=\frac{2.93\times10^{-25}}{1.0\times10^{-5}}=2.93\times10^{-20}$$

而溶液中通入 H_2S 后，要求 Mn^{2+} 不能被沉淀，所以溶液中

$$c(S^{2-})/c^{\ominus}\leqslant\frac{K_{sp}^{\ominus}(MnS)}{0.1}=\frac{4.65\times10^{-14}}{0.1}=4.65\times10^{-13}$$

即要使 Zn^{2+} 与 Mn^{2+} 完全分离，2.93×10^{-20} mol · L^{-1} $<c(S^{2-})<4.65\times10^{-13}$ mol · L^{-1}

又$\because c(S^{2-})/c^{\ominus}=\frac{K_{a1}^{\ominus}\cdot K_{a2}^{\ominus}\cdot\{c(H_2S)/c^{\ominus}\}}{\{c(H^+)/c^{\ominus}\}^2}=\frac{9.23\times10^{-22}\times0.1}{\{c(H^+)/c^{\ominus}\}^2}$

即　$c(H^+)/c^{\ominus}=\sqrt{\frac{9.23\times10^{-23}}{c(S^{2-})/c^{\ominus}}}$

$\therefore 1.41\times10^{-5}\ \text{mol}\cdot\text{L}^{-1}<c(\text{H}^+)<0.056\ \text{mol}\cdot\text{L}^{-1}$

则 $1.25<\text{pH}<4.85$

8.12 $\because c(\text{SO}_4^{2-})/c^{\ominus}=\dfrac{K_{\text{sp}}^{\ominus}(\text{MSO}_4)}{c(\text{M}^{2+})/c^{\ominus}}$

$\therefore \dfrac{K_{\text{sp}}^{\ominus}(\text{SrSO}_4)}{c(\text{Sr}^{2+})/c^{\ominus}}<\dfrac{K_{\text{sp}}^{\ominus}(\text{PbSO}_4)}{c(\text{Pb}^{2+})/c^{\ominus}}$

即 $\dfrac{c(\text{Pb}^{2+})}{c(\text{Sr}^{2+})}<\dfrac{K_{\text{sp}}^{\ominus}(\text{PbSO}_4)}{K_{\text{sp}}^{\ominus}(\text{SrSO}_4)}$

8.13 解:设溶液中剩余的 Mg^{2+} 浓度为 x mol·L^{-1},则

$\because K_{\text{sp}}^{\ominus}\{\text{Mg(OH)}_2\}=\{c(\text{Mg}^{2+})/c^{\ominus}\}\{c(\text{OH}^+)/c^{\ominus}\}^2=(x/c^{\ominus})\cdot(2.0\times10^{-3})^2=4(x/c^{\ominus})\times10^{-6}$

$\therefore (x/c^{\ominus})=\dfrac{K_{\text{sp}}^{\ominus}}{4\times10^{-6}}=\dfrac{5.61\times10^{-12}}{4\times10^{-6}}=1.40\times10^{-6}$

即 $x=1.40\times10^{-6}\ \text{mol}\cdot\text{L}^{-1}<1.0\times10^{-5}\ \text{mol}\cdot\text{L}^{-1}$

可见,Mg^{2+} 已经沉淀完全。

第 9 章　氧化还原反应

本章重点讨论了水溶液中氧化还原反应自发方向的判断和氧化还原反应的完成程度两个问题。

氧化还原反应是元素氧化数发生变化的化学反应。氧化数降低的过程，即得到电子的过程称为还原，氧化数升高的过程，即失去电子的过程称为氧化。氧化和还原是同时发生的，且氧化数降低的总数与升高的总数相等。在氧化还原反应中，氧化数降低，即得到电子的物质称为氧化剂；氧化数升高，即失去电子的物质称为还原剂。反应中氧化剂得到电子后必然生成相应的还原产物，还原剂失去电子后必然得到相应的氧化产物。将氧化剂和其产物、还原剂和其产物组成的物质对称为氧化还原电对，简称为电对。氧化还原反应实质上就是两个氧化还原电对之间进行的电子交换的过程。氧化还原电对中的氧化数较高的物质称为氧化态，氧化数较低的物质称为还原态。一般用"氧化态/ 还原态"表示电对，如 Cu^{2+}/Cu 等。

一、内容提要

1. 原电池，电极

原电池是将化学能转变成电能的装置。原电池使氧化、还原反应在不同的空间进行，是研究氧化还原反应以及物质在水溶液中氧化、还原能力的最基本的物理模型。

原电池中，发生还原反应的电极称为正极，发生氧化反应的电极称为负极。

原电池用原电池符号表示。规定正极写在右侧、负极写在左侧。

2. 电极电势，标准电极电势

一定温度下，电极与标准氢电极组成原电池的电动势称为电极的电极电势。规定标准氢电极为负极。若参加电极反应各物种均处于热力学标准状态下，其电极电势称为标准电极电势。显然，氢电极的标准电极电势等于 0 V。电极电势与电极反应的书写形式无关。

电极电势是在指定条件下物质在水溶液中氧化还原能力的定量标度。电极电势越高，则电极中氧化态物质在水溶液中的氧化能力越强；反之，还原态物质在水溶液中的还原能力越强。所谓指定条件，指温度、浓度、压力。

原电池电动势等于正极与负极电极电势之差：

$$\varepsilon = \varphi(+) - \varphi(-)$$

若正极电极电势大于负极，原电池电动势大于 0 V，反之，电动势小于 0 V。

3. 判断氧化还原反应自发方向的热力学依据

原电池电动势与氧化还原反应的摩尔吉布斯自由能的关系为：

$$\Delta_r G_m = -nF\varepsilon$$

式中：n 为氧化还原反应的反应电荷数，单位为 1；F 为法拉第常数；ε 为原电池电动势。

因此，可根据两个电极电极电势的高低判断氧化还原反应的自发方向：电极电势较高电极中的氧化态物质自发与电极电势较低电极中的还原态物质反应，即若 $\varphi(A/B) > \varphi(C/D)$，则反应：

$$A + D = B + C$$

正向自发，即自发的氧化还原反应，总是较强的氧化剂与较强的还原剂之间的作用。

标准状态下，反应的自发方向可根据标准电极电势 $\varphi^{\ominus}$ 判断：若 $\varphi^{\ominus}(A/B) > \varphi^{\ominus}(C/D)$，则反应：

$$A + D = B + C$$

在标准状态下正向自发。

将元素的各种不同氧化数物质按氧化数由高到低的顺序从左到右排列，每两种物质之间用短线连接，在短线上标出相应电对的标准电极电势，就构成了元素的标准电极电势图。可以通过元素的标准电极电势图判断物质在标准状态时，能否在水溶液中发生歧化反应，还可求算未知电对的标准电极电势：

如根据标准电极电势图：$A_1 \underline{\ \varphi^{\ominus}_{\text{左}}\ } A_2 \underline{\ \varphi^{\ominus}_{\text{右}}\ } A_3$

若 $\varphi^{\ominus}_{\text{右}} > \varphi^{\ominus}_{\text{左}}$，则标准状态下 A_2 能发生歧化反应，生成 A_1 与 A_3。若 $\varphi^{\ominus}_{\text{右}} < \varphi^{\ominus}_{\text{左}}$，$A_2$ 不能发生歧化反应，而反歧化反应可自发进行，即 A_1 与 A_3 能发生反应生成 A_2。

又如：

$$\underbrace{A_1 \overset{\varphi_1^{\ominus}}{\text{——}} A_2 \overset{\varphi_2^{\ominus}}{\text{——}} A_3 \overset{\varphi_3^{\ominus}}{\text{——}} A_4}_{\varphi_4^{\ominus}}$$

$$\varphi_4^{\ominus}=\frac{n_1\varphi_1^{\ominus}+n_2\varphi_2^{\ominus}+n_3\varphi_3^{\ominus}}{n_4}=\frac{n_1\varphi_1^{\ominus}+n_2\varphi_2^{\ominus}+n_3\varphi_3^{\ominus}}{n_1+n_2+n_3}$$

式中：n_1、n_2、n_3 分别为从左到右各电极反应的反应电荷数。

利用电极电势判断反应方向，理论基础是化学热力学。因此，所得结果只表示反应发生的可能性，而与反应速率无关。不能根据电极电势差值的大小判断反应的先后顺序。

4. 能斯特方程

能斯特方程给出了非标准状态时，一定温度下，电极电势与标准电极电势的关系。

对电极 $a\mathrm{A}+n\mathrm{e}^-=b\mathrm{B}$，其能斯特方程为：

$$\varphi(\mathrm{A/B})=\varphi^{\ominus}(\mathrm{A/B})+\frac{2.303\,RT}{nF}\lg\frac{\{c(\mathrm{A})/c^{\ominus}\}^a}{\{c(\mathrm{B})/c^{\ominus}\}^b}$$

式中：$c(\mathrm{A})$、$c(\mathrm{B})$分别为氧化态、还原态物质的浓度，若 A、B 为气体，则应以气体分压力代入方程；若有未发生氧化数变化的物质参加了电极反应，它们的浓度或分压也必须代入方程；固体、纯液体、稀薄溶液中的溶剂在方程中不出现。n 为电极反应电荷数，单位为 1。25℃时，$\frac{2.303RT}{F}=0.059\ \mathrm{V}$。能斯特方程的计算结果与电极反应写法无关。

根据反应进行时的浓度、压力条件及反应温度下标准电极电势数据，利用能斯特方程计算出电极电势，即可对非标准状态下氧化还原反应的自发方向做出判断。

由能斯特方程可以看出，一定温度下，增大氧化态的浓度(压力)或减小还原态物质的浓度(压力)，电极电势升高，即氧化态物质氧化能力增强；增大还原态的浓度(压力)或减小氧化态物质的浓度(压力)，电极电势减小，即还原态物质的还原能力增强。因此，可利用各种改变浓度或气体压力的手段(如控制介质酸度、利用沉淀反应、配位反应等)，调节物质的氧化还原能力，控制水溶液中的氧化还原反应的自发方向及反应完成程度。

5. 氧化还原反应的标准平衡常数

氧化还原反应的标准平衡常数与反应的标准摩尔吉布斯自由能变之间有如下关系：

$$\Delta_r G_m^{\ominus}=-RT\ \ln K^{\ominus}$$

因为

$$\Delta_r G_m^{\ominus}=-nF\varepsilon^{\ominus}$$

所以有
$$\lg K^{\ominus}=\frac{nF\varepsilon^{\ominus}}{2.303RT}$$

25℃时，$\frac{F}{2.303RT}=\frac{1}{0.059\ V}$。

式中：n 为氧化还原反应的反应电荷数，单位为 1，n 与反应式的书写形式有关。$\varepsilon^{\ominus}$ 为正极（发生还原反应的电极）与负极（发生氧化反应的电极）标准电极电势之差，此差值越大，反应进行完全的趋势越高。

对于非标准状态下氧化还原反应自发方向，也可根据反应商 Q 与标准平衡常数的关系进行判断。

6.常见重要氧化还原反应

读者应熟悉教材中介绍的如卤素、氧元素、氮元素、铬元素、锰元素等的重要氧化还原性质。

二、典型例题解析

例 9.1 碱性介质中，H_2O_2 被氧化时，电极符号和电极反应为：

A. H_2O_2/O_2，$H_2O_2 = O_2 + 2H^+ + 2e^-$；

B. H_2O_2/OH^-，$H_2O_2 + 2e^- = 2OH^-$；

C. H_2O_2/H_2O，$H_2O_2 + 2H^+ + 2e^- = 2H_2O$；

D. O_2/H_2O_2，$H_2O_2 + 2OH^- = O_2 + 2H_2O + 2e^-$。

解：

H_2O_2 被氧化，氧的氧化数升高，生成 O_2。答案 B、C 二半反应，分别表示过氧化氢在碱性、酸性介质中被还原，均不正确。配平氧化还原半反应时，应注意介质条件，在酸性介质中反应，反应式中不可能出现 OH^-，碱性介质中，不可能出现 H^+。答案 A 表示酸性介质中过氧化氢被氧化，且电极符号中，氧化态应在斜线左侧，均不正确。答案 D 正确。

例 9.2 $Ag^+ + e^- = Ag$ 电极的标准电极电势 $\varphi^{\ominus} = 0.8\ V$，电极 $2Ag = 2Ag^+ + 2e^-$ 的标准电极电势等于：

A. $-0.8\ V$；　B. $-1.6\ V$；　C. $0.8\ V$；　D. $1.6\ V$。

解：

电极电势是电极与标准氢电极组成的原电池的电动势，与电极反应的书写形式无关，故答案 C 正确。

例 9.3 下列说法正确的是：

A. 原电池中，电势较高的电极称为正极；

B. 原电池中，发生还原反应的电极称为正极；

C. 原电池中，发生氧化反应的电极称为正极；

D. 原电池电动势等于正、负电极的电极电势的代数和。

解：

答案 B 正确。原电池电动势等于正、负电极电极电势的差，可取负值，故答案 A，D 不正确。

例 9.4　关于氢电极，下列叙述正确的是：

A. 氢电极的电极电势为 0 V；

B. 标准氢电极的电极电势为 0 V；

C. 298.15 K 时，氢电极的标准电极电势为 0 V；

D. 标准氢电极中，Pt 与溶液之间的电势差为 0 V。

解：

任意温度下，氢电极的标准电极电势均为 0 V，故答案 A，C 不正确。电极电势，是电极与标准氢电极组成的原电池的电动势，不是指电极板与溶液之间的相间电势，故答案 D 不正确。答案 B 正确。

例 9.5　根据溴在碱性介质中的标准电极电势图

$$BrO_3^- \xrightarrow[n_1]{0.54\ V} BrO^- \xrightarrow[n_2]{0.45\ V} Br_2 \xrightarrow[n_3]{1.07\ V} Br^-$$

计算 $\varphi^{\ominus}(BrO_3^-/Br^-)$时，各电极反应电荷数 n_1，n_2，n_3 取值正确的为：

A. 4，1，2；　　B. 4，1，1；　　C. 4，2，1；　　D. 4，2，2。

解：

利用相关电极的标准电极电势计算指定电极的标准电极电势，理论基础是总反应的摩尔吉布斯自由能等于各分反应摩尔吉布斯自由能的代数和，因此，各分电极反应式的加和应等于总电极反应式，所以要求计算时，各分反应式中氧化数发生变化的元素原子数必须相等。因此，若第一个电极反应式写作 $BrO_3^- + 2H_2O + 4e^- = BrO^- + 4OH^-$，其他二电极反应式应写为 $BrO^- + H_2O + e^- = \frac{1}{2}Br_2 + 2OH^-$ 和 $\frac{1}{2}Br_2 + e^- = Br^-$。故答案 B 正确。

（思考：若写为 $n_1 = 8$，$n_2 = 2$，$n_3 = 2$，是否可以？为什么？）

例 9.6　下列电极的电极电势与介质酸度无关的为：

A. MnO_4^-/MnO_4^{2-}；　B. MnO_4^-/Mn^{2+}；　C. $Cu(NH_3)_4^{2+}/Cu$；　D. O_2/H_2O。

解：

B,D 电极的电极反应中,均有 H^+ 参加,故答案 B,D 均不正确;C 电极,电极反应为 $Cu(NH_3)_4^{2+} + 2e^- = Cu + 4NH_3$,虽无 H^+ 直接参与电极反应,但介质酸度影响配合物的稳定性,高酸度时溶液中游离的 Cu^{2+} 浓度较高,使得电极电势升高,故答案 C 不正确。A 电极,电极反应为 $MnO_4^- + e^- = MnO_4^{2-}$,无 H^+ 或 OH^- 参加,且氧化态、还原态物质均不能结合 H^+,故答案 A 正确。

例 9.7 下列电极,标准电极电势最高的为:

A. Ag^+/Ag; B. $AgCl/Ag$; C. $AgBr/Ag$; D. AgI/Ag。

解:

Ag^+/Ag 电极中,加入沉淀剂卤离子使 Ag^+ 沉淀,并使得平衡后沉淀剂浓度为 1 mol·L^{-1} 时,所得卤化银电极(AgX/Ag)的电极电势称为其标准电极电势。与标准 Ag^+/Ag 电极比较,氧化态物质 Ag^+ 浓度降低,故 B,C,D 电极的标准电极电势均低于 Ag^+/Ag 电极。答案 A 正确。

例 9.8 下列电极,标准电极电势最高的是(已知 CuI、CuBr、CuCl 的溶度积依次升高):

A. Cu^{2+}/Cu^+; B. Cu^{2+}/CuI; C. $Cu^{2+}/CuBr$; D. $Cu^{2+}/CuCl$。

解:

Cu^{2+}/Cu^+ 电极中,加入沉淀剂卤离子使 Cu^+ 沉淀,并使得平衡后沉淀剂浓度为 1 mol·L^{-1} 时,所得电极 Cu^{2+}/CuX 的电极电势称为其标准电极电势。与标准 Cu^{2+}/Cu^+ 电极比较,还原态物质 Cu^+ 浓度降低,故 B,C,D 电极的标准电极电势均高于 Cu^{2+}/Cu^+ 电极。由于 CuI 溶度积最小,Cu^{2+}/CuI 电极中 Cu^+ 浓度最低,故答案 B 正确。

例 9.9 298.15 K,$p(O_2) = 100$ kPa 时,O_2/H_2O 电极的电极电势与介质 pH 的关系为:

A. $\varphi/V = \varphi^\ominus/V + 0.0592\ pH$;

B. $\varphi/V = \varphi^\ominus/V - 0.0592\ pH$;

C. $\varphi/V = \varphi^\ominus/V + 0.0148\ pH$;

D. $\varphi/V = \varphi^\ominus/V - 0.0148\ pH$。

解:

根据电极反应 $O_2 + 4H^+ + 4e^- = 2H_2O$

得:

$$\varphi = \varphi^\ominus + \frac{2.303RT}{4F} \lg\{p(O_2)/p^\ominus\}\{c(H^+)/c^\ominus\}^4 = \varphi^\ominus - \frac{2.303RT}{F} pH$$

298.15 K 时，$\frac{2.303RT}{F}=0.0592\ V$，故答案 B 正确。

例 9.10　298.15 K，利用反应 $Zn^{2+}(1.0\times10^{-5}\ mol\cdot L^{-1})+Cu=Zn+Cu^{2+}(0.10\ mol\cdot L^{-1})$ 设计一原电池。该原电池电动势、反应的标准平衡常数以及反应的自发方向分别为：（已知 $\varphi^{\ominus}(Zn^{2+}/Zn)=-0.76\ V$，$\varphi^{\ominus}(Cu^{2+}/Cu)=0.34\ V$）

A. $-1.22\ V$，4×10^{-42}，逆向；　　B. $-1.22\ V$，5×10^{-38}，逆向；

C. $1.22\ V$，2×10^{37}，正向；　　D. $1.22\ V$，2.5×10^{41}，正向。

解：

$Zn^{2+}+2e^{-}=Zn$

$$\varphi(Zn^{2+}/Zn)=\varphi^{\ominus}(Zn^{2+}/Zn)+\frac{2.303RT}{2F}\lg\{c(Zn^{2+})/\varphi^{\ominus}\}=-0.76\ V+\frac{0.059\ V}{2}\lg(1.0\times10^{-5})=-0.91\ V$$

$Cu^{2+}+2e^{-}=Cu$

$$\varphi(Cu^{2+}/Cu)=\varphi^{\ominus}(Cu^{2+}/Cu)+\frac{2.303RT}{2F}\lg\{c(Cu^{2+})/c^{\ominus}\}=$$

$$0.34\ V+\frac{0.059\ V}{2}\lg0.10=0.31\ V$$

原电池电动势等于正极电极电势减负极电极电势。正极是发生还原反应的电极，故 Zn^{2+}/Zn 为正极。得：　$\varepsilon=-0.91\ V-0.31\ V=-1.22\ V$，

$$\lg K^{\ominus}=\frac{nF\varepsilon^{\ominus}}{2.303RT}=\frac{nF\{\varphi^{\ominus}(+)-\varphi^{\ominus}(-)\}}{2.303RT}=\frac{2(-0.76\ V-0.34\ V)}{0.059\ V}$$

得：$K^{\ominus}=5\times10^{-38}$

根据 $\varepsilon<0$，或根据 $Q>K^{\ominus}$，可知反应逆向自发，故答案 B 正确。答案 A，错用 ε 计算标准平衡常数，不正确；答案 C，将正负极颠倒，认为电极电势高者为正极，不正确；答案 D，将正负极颠倒，且错用 ε 计算标准平衡常数，不正确。

例 9.11　甘汞电极 Hg_2Cl_2/Hg 与 Hg_2^{2+}/Hg 电极的标准电极电势，______较高。甘汞电极的电极反应为____，能斯特方程为______，其电极电势受____浓度的控制，故饱和甘汞电极电极电势十分____，常作____电极使用。

解：

因甘汞电极中，氧化态物质 Hg_2^{2+} 浓度较低，所以 Hg_2^{2+}/Hg 电极标准电极电势较高；

$Hg_2Cl_2+2e^{-}=2Hg+2Cl^{-}$；

$$\varphi(Hg_2Cl_2/Hg)=\varphi^{\ominus}(Hg_2Cl_2/Hg)-\frac{2.303RT}{F}\lg\{c(Cl^-)/c^{\ominus}\};$$

电极电势受未发生氧化数变化的 Cl^- 浓度控制；饱和甘汞电极中，Cl^- 浓度恒定，故电极电势十分稳定，常作参比电极使用。

例 9.12 $\varphi_A^{\ominus}(Co^{3+}/Co^{2+}) = 1.84\ V$，$\varphi_A^{\ominus}(O_2/H_2O) = 1.23\ V$。在酸性水溶液中，稳定存在的钴离子应是____。在碱性溶液中，$Co(OH)_2$ 沉淀被氧气氧化，稳定存在的钴的难溶氢氧化物是 $Co(OH)_3$，这说明 $Co(OH)_3$ 的溶度积比 $Co(OH)_2$ 的溶度积____。

解：

酸性溶液中，$\varphi_A^{\ominus}(Co^{3+}/Co^{2+})>\varphi_A^{\ominus}(O_2/H_2O)$，$Co^{3+}$ 可将水氧化，故酸性溶液中，Co^{2+} 稳定存在。

氧气的氧化能力随碱性升高而降低。故 $Co(OH)_2$ 可被氧气氧化，原因不在于氧气氧化能力的升高，而在于 $\varphi^{\ominus}\{Co(OH)_3/Co(OH)_2\}$ 比 $\varphi_A^{\ominus}(Co^{3+}/Co^{2+})$ 低。根据能斯特方程：

$$\varphi^{\ominus}\{Co(OH)_3/Co(OH)_2\}=\varphi^{\ominus}(Co^{3+}/Co^{2+})+\frac{2.303RT}{F}\lg\frac{K_{sp}^{\ominus}\{Co(OH)_3\}}{K_{sp}^{\ominus}\{Co(OH)_2\}}$$

说明 $Co(OH)_3$ 的溶度积小于 $Co(OH)_2$ 的溶度积。

例 9.13 保存 $FeSO_4$ 溶液时，需在溶液中放入少许铁屑，原因是______。

解：

由有关数据 $\varphi_A^{\ominus}(O_2/H_2O) = 1.23\ V$，$\varphi^{\ominus}(Fe^{3+}/Fe^{2+}) = 0.77\ V$，$\varphi^{\ominus}(Fe^{2+}/Fe) = -0.447\ V$，可知：氧气可将 Fe^{2+} 氧化为 Fe^{3+}；Fe^{2+} 不歧化，反歧化过程 $2Fe^{3+}+Fe=3Fe^{3+}$ 可自发进行。故加入铁屑，可将氧化生成的 Fe^{3+} 还原为 Fe^{2+}，即防止 Fe^{2+} 被氧化。

例 9.14 根据碱性介质中氯元素的标准电极电势图 $ClO_3^-\ \underline{\ 0.50\ V\ }\ ClO^-\ \underline{\ 0.40\ V\ }\ Cl_2\ \underline{\ 1.36\ V\ }\ Cl^-$，可计算出 $\varphi^{\ominus}(ClO^-/Cl^-)$ 等于_____。碱性介质、标准状态下，可发生歧化的物质是_________。氯气在碱性介质中的歧化反应式为______。

解：

$$\varphi^{\ominus}(ClO^-/Cl^-)=\frac{n_1\varphi^{\ominus}(ClO^-/Cl_2)+n_2\varphi^{\ominus}(Cl_2/Cl^-)}{n_1+n_2}=\frac{\varphi^{\ominus}(ClO^-/Cl_2)+\varphi^{\ominus}(Cl_2/Cl^-)}{1+1}=0.88\ V$$

$\varphi^{\ominus}(Cl_2/Cl^-)>\varphi^{\ominus}(ClO^-/Cl_2)$，$\varphi^{\ominus}(ClO^-/Cl^-)>\varphi^{\ominus}(ClO_3^-/ClO^-)$，故 Cl_2 和 ClO^- 均可发生歧化。

氯气在碱性介质中的歧化反应式为：$Cl_2+2OH^-=ClO^-+Cl^-+H_2O$

ClO^-不发生歧化，是因为动力学原因，该反应速率极慢。故应注意，根据电极电势判断氧化还原反应自发方向，仅是根据热力学原理分析了反应的可能性，实际能否发生，还必须考虑反应速率的影响。

例 9.15　根据 $\varphi^\ominus(CO_2/H_2C_2O_4)=-0.49\ V$，$\varphi^\ominus(MnO_4^-/Mn^{2+})=1.50\ V$，$\varphi^\ominus(MnO_4^-/MnO_2)=1.68\ V$，$\varphi^\ominus(MnO_2/Mn^{2+})=1.224\ V$，预测以下二反应现象，并说明为什么。

(1)将适量高锰酸钾溶液滴加入强酸性的草酸钠溶液；

(2)将适量草酸钠溶液滴加入强酸性的高锰酸钾溶液。

解：

由以上数据可知，酸性介质中 MnO_4^- 可将 $H_2C_2O_4$ 氧化，本身被还原为 Mn^{2+}：

$2MnO_4^-+5H_2C_2O_4+6H^+=2Mn^{2+}+10CO_2+8H_2O$

故(1)：加入高锰酸钾后，得无色溶液。

因为 $\varphi^\ominus(MnO_4^-/MnO_2)>\varphi^\ominus(MnO_2/Mn^{2+})$，$MnO_4^-$ 可与 Mn^{2+} 反应，生成 MnO_2，所以溶液中 MnO_4^- 与 Mn^{2+}不可共存：

$$2MnO_4^-+3Mn^{2+}+2H_2O=5MnO_2+4H^+$$

故(2)：溶液中生成棕色沉淀。

例 9.16　计算 25℃，$c(HCl)=10\ mol\cdot L^{-1}$的盐酸中，当其他物种均为标准状态时，反应 $MnO_2+2Cl^-+4H^+=Mn^{2+}+Cl_2+2H_2O$ 的自发方向及反应的标准平衡常数。已知 $\varphi^\ominus(MnO_2/Mn^{2+})=1.22\ V$，$\varphi^\ominus(Cl_2/Cl^-)=1.36\ V$。

解：

$$MnO_2+4H^++2e^-=Mn^{2+}+2H_2O$$

$$\varphi(MnO_2/Mn^{2+})=\varphi^\ominus(MnO_2/Mn^{2+})+\frac{2.303RT}{2F}\lg\frac{\{c(H^+)/c^\ominus\}^4}{\{c(Mn^{2+})/c^\ominus\}}=1.34\ V$$

$$Cl_2+2e^-=2Cl^-$$

$$\varphi(Cl_2/Cl^-)=\varphi^\ominus(Cl_2/Cl^-)+\frac{2.303RT}{2F}\lg\frac{\{p(Cl_2)/p^\ominus\}}{\{c(Cl^-)/c^\ominus\}^2}=1.30\ V$$

故：反应正向自发。

$$\lg K^\ominus=\frac{2F\varepsilon^\ominus}{2.303RT}=\frac{2\times(1.22\ V-1.36\ V)}{0.059\ V}=-4.75$$

$K^\ominus=1.8\times10^{-5}$。

例 9.17 计算反应 $Hg_2^{2+} = Hg^{2+} + Hg$ 在 25℃时的标准平衡常数，以及在 Hg_2^{2+} 水溶液中，$c(Hg^{2+})$与 $c(Hg_2^{2+})$之比。标准状态下，Hg_2^{2+} 是否易于歧化？在一含有 HgS 和 Hg_2S 沉淀的溶液中，$c(Hg^{2+})$与 $c(Hg_2^{2+})$之比又为多少？二沉淀能否大量共存？写出有关反应式，并判断向 Hg_2^{2+} 溶液中通入 H_2S，将生成何产物。试分析 Hg_2^{2+} 在何条件下易于歧化？已知 $\varphi^{\ominus}(Hg^{2+}/Hg_2^{2+}) = 0.920\ V$，$\varphi^{\ominus}(Hg_2^{2+}/Hg) = 0.797\ 3\ V$，$K_{sp}^{\ominus}(HgS) = 4\times10^{-53}$，$K_{sp}^{\ominus}(Hg_2S) = 1\times10^{-45}$。

解：

$Hg_2^{2+} = Hg^{2+} + Hg$，正极为 Hg_2^{2+}/Hg，负极为 Hg^{2+}/Hg_2^{2+}，反应电荷数 $n=1$

$$\lg K^{\ominus} = \frac{F\varepsilon^{\ominus}}{2.303RT} = \frac{0.797\ 3\ V - 0.920\ V}{0.059\ V} = -2.080 \qquad K^{\ominus} = 8.3\times10^{-3}$$

$K^{\ominus} = \dfrac{c(Hg^{2+})/c^{\ominus}}{c(Hg_2^{2+})c^{\ominus}} = 8.3\times10^{-3}$，故 Hg_2^{2+} 不易歧化。

在含有 HgS 和 Hg_2S 沉淀的溶液中，$\dfrac{c(Hg^{2+})}{c(Hg_2^{2+})} = \dfrac{K_{sp}^{\ominus}(HgS)}{K_{sp}^{\ominus}(Hg_2S)} = 4\times10^{-8} <$ 8.3×10^{-3}。

故二沉淀不能大量共存，将发生反应：$Hg_2S = HgS + Hg$。向 Hg_2^{2+} 溶液中通入 H_2S，将生成 HgS。

若 Hg^{2+} 生成难溶沉淀或稳定的配合物，使 $\varphi(Hg^{2+}/Hg_2^{2+})$ 降低到低于 $\varphi(Hg_2^{2+}/Hg)$，则 Hg_2^{2+} 歧化。

三、自我检查

9.1 原电池 $Zn^{2+} + 2Ag = Zn + 2Ag^+$ 的标准电动势等于：

A. $\varepsilon^{\ominus} = \varphi^{\ominus}(Zn^{2+}/Zn) - 2\varphi^{\ominus}(Ag^+/Ag)$；

B. $\varepsilon^{\ominus} = \{\varphi^{\ominus}(Ag^+/Ag)\}^2 - \varphi^{\ominus}(Zn^{2+}/Zn)$；

C. $\varepsilon^{\ominus} = \varphi^{\ominus}(Ag^+/Ag) - \varphi^{\ominus}(Zn^{2+}/Zn)$；

D. $\varepsilon^{\ominus} = \varphi^{\ominus}(Zn^{2+}/Zn) - \varphi^{\ominus}(Ag^+/Ag)$。

9.2 能使含 Sn^{2+}、Fe^{2+}、Cl^-、Br^- 混合液中的 Sn^{2+}、Fe^{2+} 氧化成 Sn^{4+}、Fe^{3+}，而 Cl^-、Br^- 不被氧化的氧化剂为：已知：$\varphi^{\ominus}(Sn^{4+}/Sn^{2+}) = 0.154\ V$，$\varphi^{\ominus}(Fe^{3+}/Fe^{2+}) = 0.771\ V$，$\varphi^{\ominus}(Cl_2/Cl^-) = 1.36\ V$，$\varphi^{\ominus}(Br_2/Br^-) = 1.07\ V$；

$\varphi^{\ominus}(Cr_2O_7^{2-}/Cr^{3+}) = 1.33\ V$，$\varphi^{\ominus}(Ag^+/Ag) = 0.799\ V$，$\varphi^{\ominus}(Cu^{2+}/Cu) = 0.337\ V$，$\varphi^{\ominus}(I_2/I^-) = 0.54\ V$

A. $K_2Cr_2O_7$；　B. $AgNO_3$；　C. $CuSO_4$；　D. I_2。

9.3 已知 $K_{sp}^{\ominus}(CuI) < K_{sp}^{\ominus}(CuBr) < K_{sp}^{\ominus}(CuCl)$，则 $\varphi^{\ominus}(Cu^{2+}/CuI)$，$\varphi^{\ominus}(Cu^{2+}/CuBr)$，$\varphi^{\ominus}(Cu^{2+}/CuCl)$由低到高的顺序为：

A. $\varphi^{\ominus}(Cu^{2+}/CuI) < \varphi^{\ominus}(Cu^{2+}/CuBr) < \varphi^{\ominus}(Cu^{2+}/CuCl)$；

B. $\varphi^{\ominus}(Cu^{2+}/CuBr) < \varphi^{\ominus}(Cu^{2+}/CuI) < \varphi^{\ominus}(Cu^{2+}/CuCl)$；

C. $\varphi^{\ominus 0}(Cu^{2+}/CuCl) < \varphi^{\ominus}(Cu^{2+}/CuI) < \varphi^{\ominus}(Cu^{2+}/CuBr)$；

D. $\varphi^{\ominus}(Cu^{2+}/CuCl) < \varphi^{\ominus}(Cu^{2+}/CuBr) < \varphi^{\ominus}(Cu^{2+}/CuI)$。

9.4 下列叙述不正确的为：

A. 有 H^+ 或 OH^- 参加反应的电极，电极电势肯定与介质酸度有关；

B. 无 H^+ 或 OH^- 参加反应的电极，电极电势肯定与介质酸度无关；

C. 任意温度下，标准氢电极的电极电势均等于 0；

D. 电极 $Fe(HPO_4)_2^-/Fe^{2+}$ 的电极电势与酸度有关。

9.5 下列电极的电极电势与介质酸度无关的为：

A. ClO_4^-/ClO_3^-； B. ClO_3^-/ClO^-； C. ClO^-/Cl_2； D. Cl_2/Cl^-。

9.6 Fe(Ⅱ)在碱性介质中比在酸性介质中更易被空气氧化，原因为：

A. 碱性介质中，氧气氧化性增强；

B. $\varphi^{\ominus}\{Fe(OH)_3/Fe(OH)_2\} > \varphi^{\ominus}(Fe^{3+}/Fe^{2+})$；

C. $Fe(OH)_3$ 的溶度积远小于 $Fe(OH)_2$ 的溶度积；

D. 碱性介质中，氧气氧化性减弱。

9.7 已知 $\varphi^{\ominus}(Cu^{2+}/Cu) = 0.34\ V$，$\varphi^{\ominus}(Cu^{+}/Cu) = 0.52\ V$，则 $\varphi^{\ominus}(Cu^{2+}/Cu^{+})$等于：

A. 0.16 V； B. 0.18 V； C. 0.36 V； D. 0.43 V。

9.8 298.15 K，原电池 $2Fe^{2+} + Cl_2 = 2Fe^{3+} + 2Cl^-$ 电动势为 0.60 V，其中 Cl_2 和 Cl^- 均处于标准状态。已知 $\varphi^{\ominus}(Fe^{3+}/Fe^{2+}) = 0.77\ V$，$\varphi^{\ominus}(Cl_2/Cl^-) = 1.36\ V$。此原电池中，$c(Fe^{3+})/c(Fe^{2+})$等于：

A. 0.68； B. 0.98； C. 0.52； D 1.53。

9.9 标准状态下，水溶液中不能共存的一组物质为：

A. CrO_4^{2-}，Cl^-； B. $Cr_2O_7^{2-}$，Cl^-； C. MnO_4^-，Fe^{3+}； D. Fe^{3+}，Sn^{2+}。

9.10 反应 $Cu^{2+}(aq) + Zn(s) = Cu(s) + Zn^{2+}$ 在标准状态下正向自发，原因为：

A. Zn 的电离能较小； B. Cu 的电子亲合能较大；

C. Cu 的电负性较大；

D. Zn^{2+}/Zn 的标准电极电势低于 Cu^{2+}/Cu 的标准电极电势。

9.11 MnO_4^- 在强酸性、强碱性、近中性介质中的还原产物分别为________、

__________、__________。

9.12 下列物质水溶液的颜色分别为：CrO_4^{2-} ____，$Cr_2O_7^{2-}$ ____，$Cr(OH)_4^-$ ____，MnO_4^- ____，MnO_4^{2-} ____，Mn^{2+} ____。

9.13 过氧化氢是最清洁环保的氧化剂，原因是__________。

9.14 计算 298 K 时下列反应的摩尔吉布斯自由能变、标准平衡常数，并试用三种方法判断反应自发方向：

(1)$Sn^{2+}(0.050\ mol \cdot L^{-1}) + Pb = Pb^{2+}(0.050\ mol \cdot L^{-1}) + Sn$；

(2)$3Fe^{2+}(1.0\ mol \cdot L^{-1}) + NO_3^-(1.0\ mol \cdot L^{-1}) + 4H^+(1.0 \times 10^{-3}\ mol \cdot L^{-1}) = 3Fe^{3+}(1.0\ mol \cdot L^{-1}) + NO(100\ kPa) + 2H_2O$；

已知：$\varphi^\ominus(Sn^{2+}/Sn) = -0.138\ V$，$\varphi^\ominus(Pb^{2+}/Pb) = -0.126\ V$，$\varphi^\ominus(NO_3^-/NO) = 0.957\ V$，$\varphi^\ominus(Fe^{3+}/Fe^{2+}) = 0.771\ V$

9.15 分别计算反应：

(1)$Fe^{2+} + \frac{1}{4}O_2 + H^+ = Fe^{3+} + \frac{1}{2}H_2O$

(2)$Fe(OH)_2 + \frac{1}{4}O_2 + \frac{1}{2}H_2O = Fe(OH)_3$

在 25℃时的标准平衡常数，并讨论 Fe(Ⅱ)的还原性、在空气中的稳定性与介质酸度的关系。

已知：$\varphi^\ominus(Fe^{3+}/Fe^{2+}) = 0.77\ V$，$\varphi^\ominus\{Fe(OH)_3/Fe(OH)_2\} = -0.54\ V$

$\varphi^\ominus(O_2/H_2O) = 1.23\ V$，$\varphi^\ominus(O_2/OH^-) = 0.40\ V$

9.16 过二硫酸铵$(NH_4)_2S_2O_8$是强氧化剂，可将 Mn^{2+} 氧化为紫色的 MnO_4^-，此反应在定性分析中用来检验 Mn^{2+}。但若试液中 Mn^{2+} 浓度较高，将得到红棕色浑浊液，使鉴定反应失败。试分析为什么。

9.17 (1)一含有 $Ag_2C_2O_4$ 和 CaC_2O_4 沉淀的溶液中，$c(Ca^{2+}) = 0.10\ mol \cdot L^{-1}$。计算溶液中银离子浓度 $c(Ag^+)$。

(2)向银电极 Ag^+/Ag 中，加入足量的 $C_2O_4^{2-}$ 和 Ca^{2+}，反应达到平衡后溶液中钙离子浓度 $c(Ca^{2+}) = 0.10\ mol \cdot L^{-1}$。计算此时该电极的电极电势 $\varphi(Ag^+/Ag)$。

此时的银电极，已变为金属(Ag)与两种含有相同阴离子的难溶盐($Ag_2C_2O_4$ 和 CaC_2O_4)及与第二种难溶盐所含有的水合阳离子(Ca^{2+})组成的电极系统，此类电极称为第三类电极。请根据 $\varphi^\ominus(Ag^+/Ag)$计算该电极的标准电极电势，并写出其能斯特方程。试分析第三类电极的特点，预计有何实际应用。

已知：$K_{sp}^\ominus(Ag_2C_2O_4) = 1.0 \times 10^{-11}$，$K_{sp}^\ominus(CaC_2O_4) = 2.3 \times 10^{-9}$，$\varphi^\ominus(Ag^+/$

Ag)＝0.80 V。

自我检查参考答案

9.1 D　9.2 B　9.3 D　9.4 B　9.5 D　9.6 C　9.7 A　9.8 A　9.9 D　9.10 D

9.11　Mn^{2+}；MnO_4^{2-}；MnO_2

9.12　黄；橙；绿；紫；绿；淡肉色

9.13　过氧化氢自动歧化：$2H_2O_2 = 2H_2O + O_2$

9.14　(1)$K^\ominus = 0.39$；$\Delta_r G_m = 2.3\ kJ\cdot mol^{-1}$，逆向自发

(2)$K^\ominus = 2.9\times10^9$；$\Delta_r G_m = 14.5\ kJ\cdot mol^{-1}$，逆向自发

(反应方向可根据 $\Delta_r G_m$、反应商与标准平衡常数比较、电极电势三种方法判断)

9.15　(1)$K^\ominus = 6.0\times10^7$；(2)$K^\ominus = 7.6\times10^{15}$

Fe(Ⅱ)在酸性介质中较在碱性介质中稳定。

9.16　见例 9.15

9.17　$0.021\ mol\cdot L^{-1}$；0.70 V；0.73 V；第三类电极对阳离子浓度有响应。分析化学中可用之测定阳离子浓度

四、习题答案

9.3　(1) $2Fe^{3+} + Sn^{2+} = 2Fe^{2+} + Sn^{4+}$

(2) $2Fe^{3+} + Cu = 2Fe^{2+} + Cu^{2+}$

(3) $2MnO_4^- + 10Cl^- + 16H^+ = 2Mn^{2+} + 5Cl_2 + 8H_2O$

(4) $H_2O_2 + 2Fe^{2+} + 2H^+ = 2Fe^{3+} + 2H_2O$

$2Fe^{3+} + H_2O_2 = 2Fe^{2+} + O_2 + 2H^+$

(5) $PbO_2 + 2Cl^- + 4H^+ = Pb^{2+} + Cl_2 + 2H_2O$

(6) $Hg_2Cl_2 + Sn^{2+} = 2Hg + Sn^{4+} + 2Cl^-$

(7) $2MnO_4^- + 3Mn^{2+} + 2H_2O = 5MnO_2 + 4H^+$

9.4　(1)(−)Zn | Zn^{2+}($0.020\ mol\cdot L^{-1}$) || Ni^{2+}($0.080\ mol\cdot L^{-1}$) | Ni(+)

$$\varphi(Ni^{2+}/Ni) = \varphi^\ominus(Ni^{2+}/Ni) + \frac{2.303RT}{2F}\lg\{c(Ni^{2+})/c^\ominus\}$$

$$= -0.25\ V + \frac{0.059\ V}{2}\times\lg 0.080 = -0.28\ V$$

$$\varphi(Zn^{2+}/Zn) = \varphi^\ominus(Zn^{2+}/Zn) + \frac{2.303RT}{2F}\lg\{c(Zn^{2+})/c^\ominus\}$$

$$= -0.76\ V + \frac{0.059\ V}{2}\times\lg 0.020 = -0.81\ V$$

$\varepsilon = -0.28\ \text{V} - (-0.81\ \text{V}) = 0.53\ \text{V}$

(2)(−)Pt|Cl^-(1.0 mol·L^{-1}) | Cl_2(100 kPa) ‖ Fe^{3+}(0.10 mol·L^{-1}),Fe^{2+}(1.0 mol·L^{-1}) |Pt(+)

$$\varphi(Fe^{3+}/Fe^{2+}) = \varphi^\ominus(Fe^{3+}/Fe) + \frac{2.303RT}{F}\lg\frac{\{c(Fe^{3+})/c^\ominus\}}{\{c(Fe^{2+})/c^\ominus\}} =$$

$$0.77\ \text{V} + 0.059\ \text{V} \times \lg\frac{0.10}{1.0} = 0.71\ \text{V}$$

$\varepsilon = 0.71\ \text{V} - 1.36\ \text{V} = -0.65\ \text{V}$

(3)(−)Pt|Cl^-(1.0 mol·L^{-1}) | Cl_2(100 kPa)||$Cr_2O_7^{2-}$(1.0 mol·L^{-1}),H^+(10 mol·L^{-1}),Cr^{3+}(1.0 mol·L^{-1}) |Pt(+)

$$\varphi(Cr_2O_7^{2-}/Cr^{3+}) = \varphi^\ominus(Cr_2O_7^{2-}/Cr^{3+}) + \frac{2.303RT}{6F}$$

$$\lg\frac{\{c(Cr_2O_7^{2-})/c^\ominus\}\{c(H^+)/c^\ominus\}^{14}}{\{c(Cr^{3+})/c^\ominus\}^2} =$$

$$1.23\ \text{V} + \frac{0.059\ \text{V}}{6} \times \lg 10^{14} = 1.37\ \text{V}$$

$\varphi(Cl_2/Cl^-) = \varphi^\ominus(Cl_2/Cl^-) = 1.36\ \text{V}$

$\varepsilon = 0.01\ \text{V}$

(结果说明,在强酸性介质中,重铬酸根亦可以氧化氯离子)

9.5 (1)$\varphi^\ominus(NO_3^-/NO) = 0.957\ \text{V}$

$\varphi^\ominus(Fe^{3+}/Fe^{2+}) = 0.771\ \text{V}$

$\Delta_r G_m^\ominus = -3F\{\varphi^\ominus(NO_3^-/NO) - \varphi^\ominus(Fe^{3+}/Fe^{2+})\} =$

$-3 \times 96\ 500\ \text{C} \cdot \text{mol}^{-1} \times \{0.957\ \text{V} - 0.771\ \text{V}\} = -5.38 \times 10^4\ \text{J} \cdot \text{mol}^{-1}$

$$\varphi(NO_3^-/NO) = \varphi^\ominus(NO_3^-/NO) + \frac{2.303RT}{3F}\lg\frac{\{c(NO_3^-)/c^\ominus\}\{c(H^+)/c^\ominus\}^4}{\{p(NO)/p^\ominus\}}$$

$$= 0.957\ \text{V} + \frac{0.059\ \text{V}}{3} \times \lg(1.0 \times 10^{-3})^4 = 0.721\ \text{V}$$

$\varphi(Fe^{3+}/Fe^{2+}) = \varphi^\ominus(Fe^{3+}/Fe) = 0.771\ \text{V}$

$\Delta_r G_m = -3F\{\varphi(NO_3^-/NO) - \varphi(Fe^{3+}/Fe^{2+})\} =$

$-3 \times 96\ 500\ \text{C} \cdot \text{mol}^{-1} \times \{0.721\ \text{V} - 0.771\ \text{V}\} = 1.45 \times 10^4\ \text{J} \cdot \text{mol}^{-1}$

$$\lg K^\ominus = \frac{3F\{\varphi^\ominus(NO_3^-/NO) - \varphi^\ominus(Fe^{3+}/Fe^{2+})\}}{2.303RT} =$$

$$\frac{3 \times \{0.957\ \text{V} - 0.771\ \text{V}\}}{0.059\ \text{V}} = 9.46$$

$K^{\ominus}=2.87\times10^{9}$

因为：$\varphi(NO_3^-/NO)<\varphi(Fe^{3+}/Fe^{2+})$

或因：$\Delta_r G_m>0$

或因：$Q=1.0\times10^{12}>K^{\ominus}$，

所以反应逆向自发进行。

结果说明，定性分析中利用棕色环法检验 NO_3^-，若在 pH 约等于 3 的醋酸介质中，反应不能进行。该反应应在浓硫酸介质中进行。

(2) $\varphi^{\ominus}(HNO_2/NO)=0.983\ V$

$\varphi^{\ominus}(Fe^{3+}/Fe^{2+})=0.771\ V$

$\Delta_r G_m^{\ominus}=-F\{\varphi^{\ominus}(HNO_2/NO)-\varphi^{\ominus}(Fe^{3+}/Fe^{2+})\}=$

$-96\ 500\ C\cdot mol^{-1}\times\{0.983\ V-0.771\ V\}=-2.05\times10^{4}\ J\cdot mol^{-1}$

$$\varphi(HNO_2/NO)=\varphi^{\ominus}(HNO_2/NO)+\frac{2.303RT}{F}\lg\frac{\{c(HNO_2)/c^{\ominus}\}\{c(H^+)/c^{\ominus}\}}{\{p(NO)/p^{\ominus}\}}$$

$$=0.983\ V+0.059\ V\times\lg(1.0\times10^{-3})=0.806\ V$$

$$\varphi(Fe^{3+}/Fe^{2+})=\varphi^{\ominus}(Fe^{3+}/Fe)$$

$$=0.771\ V$$

$\Delta_r G_m=-F\{\varphi(HNO_2/NO)-\varphi(Fe^{3+}/Fe^{2+})\}=$

$-96\ 500\ C\cdot mol^{-1}\times\{0.806\ V-0.771\ V\}=-3.38\times10^{3}\ J\cdot mol^{-1}$

$$\lg K^{\ominus}=\frac{F\{\varphi^{\ominus}(HNO_2/NO)-\varphi^{\ominus}(Fe^{3+}/Fe^{2+})\}}{2.303RT}$$

$$=\frac{0.983\ V-0.771\ V}{0.059\ V}=3.59$$

$K^{\ominus}=3.89\times10^{3}$

因为：$\varphi(HNO_2/NO)>\varphi(Fe^{3+}/Fe^{2+})$

或因：$\Delta_r G_m<0$

或因：$Q=1.0\times10^{3}<K^{\ominus}$

所以反应正向自发进行。

结果说明，可在 pH 约等于 3 的醋酸介质中利用棕色环反应定性检验亚硝酸根

9.6　(3)

9.7

$$\varphi(Hg_2Cl_2/Hg)=\varphi^{\ominus}(Hg_2^{2+}/Hg)+\frac{2.303RT}{2F}\lg K_{sp}^{\ominus}(Hg_2Cl_2)-\frac{2.303RT}{F}\lg\{c(Cl^-)/c^{\ominus}\}$$

$$\varphi(Hg_2Cl_2/Hg)=\varphi^{\ominus}(Hg_2Cl_2/Hg)-\frac{2.303RT}{F}\lg\{c(Cl^-)/c^{\ominus}\}$$

9.8 $Pb^{2+}+2e^-=Pb$

$PbSO_4+2e^-=Pb+SO_4^{2-}$

所以：

$$\varphi^{\ominus}(PbSO_4/Pb)=\varphi^{\ominus}(Pb^{2+}/Pb)+\frac{2.303RT}{2F}\lg K_{sp}^{\ominus}(PbSO_4)$$

$$\lg K_{sp}^{\ominus}(PbSO_4)=\frac{2\times(-0.359\ V+0.126\ V)}{0.059\ V}=-7.90$$

$K_{sp}^{\ominus}(PbSO_4)=1.27\times10^{-8}$

9.9

$$\varphi^{\ominus}(Cu^{2+}/CuBr)=\varphi^{\ominus}(Cu^{2+}/Cu^+)-\frac{2.303RT}{F}\lg K_{sp}^{\ominus}(CuBr)$$

$$=0.153\ V-0.059\ V\times\lg(2.0\times10^{-9})=0.666\ V$$

$\varphi^{\ominus}(Br_2/Br^-)=1.07\ V>\varphi^{\ominus}(Cu^{2+}/CuBr)$

所以不能利用反应 $Cu^{2+}+Br^-$ 制备 CuBr。

同理可证，不能利用 $Cu^{2+}+Cl^-$ 制备 CuCl。

$$\varphi^{\ominus}(Cu^{2+}/CuCl)=\varphi^{\ominus}(Cu^{2+}/Cu^+)-\frac{2.303RT}{F}\lg K_{sp}^{\ominus}(CuCl)$$

$$=0.153\ V-0.059\ V\times\lg(2.0\times10^{-6})=0.489\ V$$

$$\varphi^{\ominus}(CuCl/Cu)=\varphi^{\ominus}(Cu^+/Cu)+\frac{2.303RT}{F}\lg K_{sp}^{\ominus}(CuCl)$$

$$=0.522\ V+0.059\ V\times\lg(2.0\times10^{-6})=0.186\ V$$

因为 $\varphi^{\ominus}(Cu^{2+}/CuCl)>\varphi^{\ominus}(CuCl/Cu)$

所以可利用反应 $CuCl_2+Cu=2CuCl$ 制备 CuCl

9.10 若(1)为正极，$c(H^+)=0.054\ mol\cdot L^{-1}$

若(2)为正极，$c(H^+)=0.187\ mol\cdot L^{-1}$

9.11

$$\varphi^{\ominus}(O_2/OH^-)=1.229\ V+\frac{0.059\ V}{4}\times\lg(1.0\times10^{-14})^4=0.403\ V$$

（所求实际为 $c(H^+)=10^{-14}\ mol\cdot L^{-1}$ 时，O_2/H_2O 电极的电极电势）

9.12　$\varphi^{\ominus}(Hg_2Cl_2/Hg) = 0.281\ V$

$\therefore\quad \varphi(H^+/H_2) = \varphi^{\ominus}(Hg_2Cl_2/Hg) - \varepsilon = 0.281\ V - 0.48\ V = -0.20\ V$

$$\varphi(H^+/H_2)=\varphi^{\ominus}(H^+/H_2)+\frac{2.303RT}{2F}\lg\frac{\{c(H^+)/c^{\ominus}\}^2}{p(H_2)/p^{\ominus}}$$

$\therefore\quad -0.20\ V=0.059\ V\times\lg\{c(H^+)/c^{\ominus}\}$

$c(H^+)=4.1\times10^{-4}\ mol\cdot L^{-1}$

$\because c(H^+)/c^{\ominus}=\sqrt{K_a^{\ominus}\times\{c(HB)/c^{\ominus}\}}$

$\therefore K_a^{\ominus}=1.7\times10^{-6}$

9.13　若亚汞离子为 Hg^+，则电极反应为：

$Hg^+ + e^- = Hg$

根据此电极反应，可写出二电极的 Nernst 方程并可计算电池电动势：

$$\varphi(+)=\varphi^{\ominus}+\frac{2.303RT}{F}\lg\{c(Hg^+)/c^{\ominus}\}$$

$$\varphi(-)=\varphi^{\ominus}+\frac{2.303RT}{F}\lg\{c(Hg^+)/10c^{\ominus}\}$$

$$\varepsilon=\varphi(+)-\varphi(-)=\frac{2.303RT}{F}\lg10=0.059\ V$$

计算结果与实验数据不符。

若亚汞离子为 Hg_2^{2+}，则电极反应为：

$$Hg_2^{2+} + 2e^- = 2Hg$$

根据此电极反应，可写出二电极的 Nernst 方程并可计算电池电动势：

$$\varphi(+)=\varphi^{\ominus}+\frac{2.303RT}{2F}\lg\{c(Hg_2^{2+})/c^{\ominus}\}$$

$$\varphi(-)=\varphi^{\ominus}+\frac{2.303RT}{2F}\lg\{c(Hg_2^{2+})/10c^{\ominus}\}$$

$$\varepsilon=\varphi(+)-\varphi(-)=\frac{2.303RT}{2F}\lg10=0.03\ V$$

计算结果与实验数据相符，故可知亚汞离子为 Hg_2^{2+}。

9.14　见例 9.17

9.15　根据标准电极电势图：

$\varphi^{\ominus}(PbO_2/Pb^{2+}) = 1.455\ V$

$\varphi^{\ominus}(O_2/H_2O_2) = 0.695\ V$

$\varphi^{\ominus}(H_2O_2/H_2O) = 1.76\ V$

下列反应可自发进行：

(1)$PbO_2 + H_2O_2 + 2H^+ = Pb^{2+} + O_2 + 2H_2O$

(2)$Pb^{2+} + H_2O_2 = PbO_2 + 2H^+$

(1) + (2)：

$2H_2O_2 = 2H_2O + O_2$

故 PbO_2(MnO_2 等)可催化过氧化氢歧化分解

9.16 碱性介质中,用过氧化氢等氧化剂将 $Cr(OH)_4^-$ 氧化为 CrO_4^{2-}

9.17 解：

(1) $\varepsilon^{\ominus} = 1.07\ V - 0.77\ V = 0.30\ V$；

(2)$\Delta_r G_m^{\ominus} = -nF\varepsilon^{\ominus} = -2 \times 96\ 500\ C \cdot mol^{-1} \times 0.30\ V = -57\ 900\ J \cdot mol^{-1}$；

(3)原电池符号：

$(-)Pt \mid Fe^{3+}(1.0\ mol/L), Fe^{2+}(1.0\ mol/L) \parallel Br^-(1.0\ mol/L) \mid Br_2(l) \mid Pt(+)$

(4)

$$\varphi(Br_2/Br^-) = \varphi^{\ominus}(Br_2/Br^-) + \frac{2.303RT}{2F}\lg\frac{1}{\{c(Br^-)/c^{\ominus}\}^2} = 1.07\ V + \frac{0.059}{2}V \times \lg\frac{1}{0.01} = 1.129\ V$$

$$\varphi(Fe^{3+}/Fe^{2+}) = \varphi^{\ominus}(Fe^{3+}/Fe^{2+}) + \frac{2.303RT}{F}\lg\frac{c(Fe^{3+})/c^{\ominus}}{c(Fe^{2+})/c^{\ominus}} = 0.77\ V + 0.059\ V \times \lg 10 = 0.829\ V$$

$\varepsilon = 1.129\ V - 0.829\ V = 0.30\ V$，反应正向自发。

9.18

Hg_2Cl_2 俗称甘汞,本身基本无毒,但摄入体内会引起中毒。甘汞摄入体内后,可被氧化成 $HgCl_2$(俗称升汞,剧毒,毒性大于甘汞),亦可被还原成汞,甘汞的毒性主要源自产生的升汞(汞是积累性中毒物质)。

9.19 解：

原电池：$H_2O = H^+ + OH^-$

正极反应为：$O_2 + 2H_2O + 4e^- = 4OH^-$

负极反应为：$2H_2O = O_2 + 4H^+ + 4e^-$

故原电池标准电动势 $\varepsilon^{\ominus} = \varphi^{\ominus}(O_2/OH^-) - \varphi^{\ominus}(O_2/H_2O) = 0.401\ V -$

$$1.229\ \text{V} = -0.828\ \text{V}$$

根据

$$\varepsilon^{\ominus} = \frac{2.303RT}{nF}\lg K^{\ominus}$$

得：$K^{\ominus} = 1.0\times10^{-14}$

9.20　解：

(1)原电池正极反应：　$AgCl + e^- = Ag + Cl^-$

负极反应：　$Ag + I^- = AgI + e^-$

(2)正极电极电势

$$\varphi(AgCl/Ag) = \varphi^{\ominus}(AgCl/Ag) + \frac{2.303RT}{F}\lg\frac{1}{c(Cl^-)/c^{\ominus}} = 0.222\ \text{V} + 0.059\ \text{V}\times\lg 10 = 0.281\ \text{V}$$

负极电极电势：

$$\varphi(AgI/Ag) = \varphi^{\ominus}(AgI/Ag) + \frac{2.303RT}{F}\lg\frac{1}{c(I^-)/c^{\ominus}} = 0.152\ \text{V} + 0.059\ \text{V}\times\lg 5 = -0.111\ \text{V}$$

所以，原电池电动势：$\varepsilon = 0.281\ \text{V} - (-0.111\ \text{V}) = 0.392\ \text{V}$

(3)原电池标准电动势：$\varepsilon^{\ominus} = 0.222\ \text{V} - (-0.152\ \text{V}) = 0.374\ \text{V}$，

$$\lg K^{\ominus} = \frac{F}{2.303RT}\varepsilon^{\ominus} = 6.34$$

$K^{\ominus} = 2.19\times10^{6}$

第10章　配位化合物

配位化合物(简称配合物)是一类组成复杂且广泛存在的重要化合物,如$[Cu(NH_3)_4]SO_4$、$K_3[Fe(CN)_6]$、$[Ni(CO)_4]$等。这些物质中均含有不符合经典化合价理论的稳定的复杂结构单元,如$[Cu(NH_3)_4]^{2+}$、$[Fe(CN)_6]^{3-}$、$[Ni(CO)_4]$。配合物中所含稳定的结构单元称为配位个体,如$[Ni(CO)_4]$(也称为配合物)和$[Cu(NH_3)_4]^{2+}$、$[Fe(CN)_6]^{3-}$,后者分别称为配阳离子和配阴离子。含有配离子的化合物统称为配合物,其中配位个体称为配合物的内界。位于配位个体结构中心的原子或离子统称为中心原子,与中心原子结合的分子、阴离子、阳离子称为配体(也称为配位体)。配体中具有孤电子对的、直接与中心原子以配位键结合的原子称为配位原子。直接与中心原子结合的配位原子的数目称为中心原子的配位数。对于单齿配体,配位数等于配体的个数。对于多齿配体,配位数不等于配体的个数。

螯合物是由多齿配体与中心原子形成的具有环状结构的配合物。螯合物往往具有较高的稳定性。由于螯环的形成而使螯合物具有的特殊的稳定性的效应称为螯合效应。螯合效应可以作以下简单解释,例如反应:

$$[Ni(H_2O)_6]^{2+}(aq) + 6NH_3(aq) \rightarrow [Ni(NH_3)_6]^{2+}(aq) + 6H_2O(aq) \quad (1)$$

$$[Ni(H_2O)_6]^{2+}(aq) + 3en\,(aq) \rightarrow [Ni(en)_3]^{2+}(aq) + 6H_2O(aq) \quad (2)$$

反应(1)中6个NH_3分子替换出6个H_2O分子,反应前后质点数不变。反应(2)中3个乙二胺分子能取代出6个H_2O分子,反应后系统的质点数增多,从熵增的角度看,对反应更有利,所以生成的$[Ni(en)_3]^{2+}$稳定性较高。

本章重点讨论配合物结构的价键理论要点以及配合物在水溶液中的离解平衡。

一、内容提要

1.配合物结构的价键理论要点

配合物的价键理论认为,配体中配位原子价层轨道含有孤电子对,而中心原子价层含有空轨道。形成配合物时,中心原子价层的空轨道发生杂化,生成的空的杂化轨道与配位原子中含有孤电子对的轨道叠加,形成配位键,使中心原子与配体键合。

若中心原子全部以外层轨道(ns、np、nd 等)参与杂化和成键作用,这样得到的配合物称为外轨型配合物。若中心原子有$(n-1)$d 等内层轨道参与杂化和成键作用,这样得到的配合物称为内轨型配合物。一些配合物的杂化轨道和空间构型见下表。

配合物的杂化轨道和空间构型

配位数	杂化轨道类型	空间构型	配离子类型	实　例
2	sp	直线形	外轨型	$[Ag(CN)_2]^-$, $[Cu(NH_3)_2]^+$
3	sp^2	平面三角形	外轨型	$[HgI_3]^-$, $[CuCl_3]^-$
4	sp^3	正四面体形	外轨型	$[Zn(NH_3)_4]^{2+}$, $[Co(SCN)_4]^{2-}$
4	dsp^2	平面正方形	内轨型	$[PtCl_4]^{2-}$, $[Ni(CN)_4]^{2-}$
6	sp^3d^2	正八面体形	外轨型	$[Fe(H_2O)_6]^{2+}$, $[FeF_6]^{3-}$
6	d^2sp^3	正八面体形	内轨型	$[Fe(CN)_6]^{3-}$, $[Cr(NH_3)_6]^{3+}$

在形成外轨型配合物时,中心原子的电子排布不受配体的影响,保持其原有的价电子结构,有最大可能的未成对电子数。在形成内轨型配合物时,中心原子的电子排布受配体的影响发生重排,其原有的价电子结构发生变化,未成对电子数可能减少到最小。内轨型配合物一般比外轨型配合物稳定性好,在水溶液中的稳定常数也一般较大。外轨型和内轨型配合物在磁性上也不相同。外轨型配合物可能有最多的未成对电子,这些未成对电子自旋平行,因此,外轨型配合物多表现为顺磁性,磁矩较高;内轨型配合物的未成对电子很少甚至完全没有,因此,它们或是弱的顺磁性物质,磁矩很小,或为抗磁性物质。确定配合物是外轨型还是内轨型,磁矩数据是重要的依据。物质磁性强弱可用磁矩 μ 来表示。磁矩 μ 与未成对的电子数 n 符合以下近似关系:

$$\mu \approx \sqrt{n(n+2)}$$

影响形成内轨型或外轨型配合物的因素主要有:

(1)中心原子的电子层构型

内层没有 d 电子或 d 轨道全满(d^{10})的离子只形成外轨型配合物。一般来讲,内层 d 电子数为 4,5,6,7 的离子,易于生成内轨型配合物。

(2)配位原子的电负性

配体中的配位原子(如 C、N 等)与中心原子的电负性相差小,配位原子易给出孤对电子，对中心原子的电子结构影响较大，通常易形成内轨型配合物。配体的配位原子(如 F、O 等)与中心原子电负性相差大，配位原子不易给出孤对电子，孤电子对只进入中心原子外层空的杂化轨道，对内层 d 电子的作用较弱，倾向于生成外轨型配合物。

2.配位平衡

(1)配离子的稳定常数

水溶液中发生的配位反应，如：

$$Cu^{2+}(aq) + 4NH_3(aq) \rightleftharpoons [Cu(NH_3)_4]^{2+}(aq)$$

标准平衡常数 $K_f^\ominus$ 称为配离子的稳定常数。稳定常数越大，配位反应进行完全的趋势越大。

(2)配位平衡的移动

若向配位-离解反应的平衡系统中加入某种物质(如酸、碱、沉淀剂、氧化还原剂或其他配位剂等)，它能与配离子溶液中的中心原子或配体发生反应，则将使配位-离解反应的平衡发生移动。

①配位平衡与酸碱平衡。很多配合物的配体是碱，如 F^-、NH_3、CN^-、SCN^- 以及有机酸根离子等。这类配体能与 H^+ 结合生成难离解的弱酸，引起配体的浓度下降，使配位平衡向着离解的方向移动。此种由于介质酸度升高而使配合物稳定性下降的作用称为配体酸效应。如：

$$[FeF_6]^{3-} + 6H^+ \rightleftharpoons Fe^{3+} + 6HF$$

$$K^\ominus = \frac{1}{\{K_f^\ominus(FeF_6^{3-})\}\{K_a^\ominus(HF)\}^6}$$

显然，$K_f^\ominus$ 越小(即配合物的稳定性越小)，$K_a^\ominus$ 越小(即生成的弱酸越弱)，$K^\ominus$ 越大，反应正向进行的趋势越强，配离子越易离解。

若介质碱性过高，一些金属离子会形成氢氧化物等沉淀，也会使配合物稳定性下降。此种作用称为中心原子水解效应。

由此可知，在水溶液中进行的配位反应，介质酸度往往是最重要的反应条件。

②配位平衡与沉淀-溶解平衡。向配离子溶液中加入沉淀剂，若金属离子和沉淀剂生成稳定的沉淀，可使配位平衡向着离解的方向移动。反之，若向沉淀中加入能与金属离子形成稳定配合物的配位剂，则沉淀可转化为配离子而溶解。如：

$$AgCl(s) + 2\ NH_3 \rightleftharpoons [Ag(NH_3)_2]^+ + Cl^-$$

$$K^{\ominus}=\{K_f^{\ominus}(Ag(NH_3)_2)^+\}\{K_{sp}^{\ominus}(AgCl)\}$$

由此可见，沉淀的溶度积越大、配合物的稳定常数越大，沉淀越易生成配合物而溶解。反之，配离子越易离解转化为沉淀。

③配位平衡与氧化还原平衡。配位平衡系统中如果发生氧化还原反应，将产生两种情况。一种是配合物中的金属离子发生氧化还原反应，如：

$$2[Fe(NCS)_6]^{3-}+Sn^{2+}\rightleftharpoons 2Fe^{2+}+12NCS^-+Sn^{4+}$$

加入的 Sn^{2+} 可将 Fe^{3+} 还原为 Fe^{2+}，使 Fe^{3+} 浓度降低，使配位平衡向离解方向移动(配离子被破坏)。

另一种情况是由于金属离子生成配合物，改变了其氧化还原能力，使氧化还原平衡发生移动，如：

$$2Fe^{2+}+I_2+12F^-\rightleftharpoons 2[FeF_6]^{3-}+2I^-$$

在 Fe^{3+}/Fe^{2+} 电极中加入 F^-，则由于 F^- 与 Fe^{3+} 生成 $[FeF_6]^{3-}$ 配合物，降低了 Fe^{3+} 的浓度，使该电极电极电势降低，此时 Fe^{2+} 能被 I_2 氧化。又如向 HgS 中加入 Cl^-，由于 $HgCl_4^{2-}$ 的形成，增大了 HgS 的溶解度，溶液中 S^{2-} 浓度升高，可降低电极 S/S^{2-} 的电极电势，使 S^{2-} 还原性增强，以致可被 Fe^{3+} 氧化为 S。

④配合物的转化。在一种配离子溶液中，加入能与中心原子形成更稳定配离子的配位剂，则发生配离子之间的转化。一般情况下，$K_f^{\ominus}$ 小的配合物容易转化为 $K_f^{\ominus}$ 大的配合物，且两种配离子的稳定常数相差越大，转化反应完全的趋势越大。

二、典型例题解析

例 10.1　关于配合物中心原子的配位数，下列说法错误的是：

A. 直接与中心原子配位的配体数目；

B. 直接与中心原子配位的配位原子数目；

C. 中心原子接受配体的孤电子对数；

D. 中心原子与配位原子间所形成的 σ 配键数。

解：

中心原子配位数，指直接与中心原子连接的配位原子数，故多齿配体形成配合物时，配位数与配体个数可能不同，故 A 是正确答案。配合物是中心原子提供的空轨道接受配位原子提供的孤电子对，形成配位键而形成的，配位键为 σ 键，答案 B,C,D 同义，均非正确答案。

例 10.2 $[CaY]^{2-}$配离子中，中心原子Ca^{2+}的配位数为：

A. 1；　B. 2；　C. 4；　D. 6。

解：

Y^{4-}是6齿配体，Ca^{2+}可利用sp^3d^2杂化轨道与之键合，故答案D正确。

例 10.3 配合物$[Cr(OH)(H_2O)(C_2O_4)(en)]$的名称为：

A. 一(乙二胺)·一草酸·一水·一羟合铬(Ⅲ)；

B. 一水·一羟基·一草酸·一(乙二胺)合铬(Ⅲ)；

C. 一羟·一草酸根·一水·一(乙二胺)合铬(Ⅲ)；

D. 一羟·一水·一草酸根·一(乙二胺)合铬(Ⅱ)。

解：

中心原子氧化数为+3，故答案D不正确；命名时，配体按先无机配体、后有机配体顺序，故答案A不正确；按先离子配体、后分子配体顺序，且配体$C_2O_4^{2-}$、OH^-应分别称为草酸根、羟，故答案B不正确。答案C正确。

例 10.4 四(异硫氰酸根)·二氨合铬(Ⅲ)酸铵的化学式为：

A. $NH_4[Cr(NH_3)_2(NSC)_4]$；

B. $(NH_4)_2[Cr(NH_3)_2(NSC)_4]$；

C. $NH_4[Cr(NSC)_4(NH_3)_2]$；

D. $NH_4[Cr(SCN)_4(NH_3)_2]$。

解：

异硫氰酸根，配位原子为N，故答案D不正确；配离子电荷数为−1，故答案B不正确；化学式中配体先后顺序与命名法中规定相同，故答案A不正确。答案C正确。

例 10.5 下列物质中，不可能作为配合物中配体的为：

A. C_2H_6；　B. CO；　C. NO_2^-；　D. CH_3COO^-。

解：

配位体中，配位原子外层必须含有孤电子对，故答案A正确。

例 10.6 Fe(Ⅲ)形成的八面体外轨型配合物中，Fe^{3+}接受弧对电子的空轨道是：

A. d^2sp^3；　B. sp^3d^2；　C. p^3d^3；　D. sd^5。

解：

八面体形配合物，中心原子杂化轨道只可能是d^2sp^3或sp^3d^2，故答案C，D不正确；外轨型配合物，无内层d轨道参加成键，故答案A不正确。答案B正确。

例 10.7 Ni^{2+}形成的八面体型配合物：

A. 只可能是外轨型；　B. 只可能是内轨型；

C. 可能是内轨型，也可能是外轨型；　　D. 是抗磁性物质。

解：

八面体型配合物，中心原子杂化轨道只可能是 d^2sp^3 或 sp^3d^2。Ni^{2+} 的电子构型为 $3d^8$，不可能提供 2 条 3d 轨道，形成的八面体型配合物只可能是外轨型，故答案 B，C 不正确；形成外轨型配合物时，中心原子内层电子不会发生重排，上有 2 个自旋相同的未成对电子，是顺磁性物质，故答案 D 不正确。答案 A 正确。

例 10.8　下列配合物为内轨型的是：

A. $[Fe(CN)_6]^{3+}$；　　B. $[Ag(CN)_2]^-$；

C. $[AlCl_4]^-$；　　D. $[FeF_6]^{3-}$。

解：

Ag^+，电子构型为 $3d^{10}$，全满，Al^{3+} 价层结构为 $2s^22p^6$，无 d 轨道，均不可能形成内轨型配合物，故答案 B，C 不正确；配位原子 F，电负性大，生成外轨型配合物，故答案 D 不正确。配位原子 C，电负性小，倾向生成内轨型配合物，故答案 A 正确。

例 10.9　$Ni(CN)_4^{2-}$ 和 $Zn(NH_3)_4^{2+}$，分别为正方形和正四面体形。中心原子采用的杂化轨道分别为：

A. sp^3、sp^3；　　B. dsp^2、sp^3；

C. dsp^2、dsp^2；　　D. sp^3、dsp^2。

解：

答案 B 正确。

例 10.10　向 $Zn(NH_3)_4^{2+}$ 溶液中通入氨气，则：

A. $K_f^{\ominus}\{Zn(NH_3)_4^{2+}\}$增大；　　B. $K_f^{\ominus}\{Zn(NH_3)_4^{2+}\}$减小；

C. 溶液中 $c(Zn^{2+})$增大；　　D. 溶液中 $c(Zn^{2+})$减小。

解：

标准平衡常数与浓度无关，故答案 A，B 不正确；同离子效应使配合物离解度降低，故答案 C 不正确。答案 D 正确。

例 10.11　下列物质，在强酸性介质中肯定不分解的为：

A. HgI_4^{2-}；　　B. $Ag(S_2O_3)_2^{3-}$；

C. $Zn(NH_3)_4^{2+}$；　　D. $Co(ONO)_6^{3-}$。

解：

配体酸效应对配合物稳定性的影响，与配体碱性有关。B，C，D 中，配体均为碱，故均不正确。HI 是强酸，I^- 基本不具碱性，不易接受质子，故答案 A 正确。

例 10.12　利用生成 $Fe(SCN)_3$ 红色配合物定性检查 Fe^{3+} 时，反应在强酸介质中进行，目的是：

A. 防止配体酸效应；　　B. 防止中心原子水解效应；

C. 防止配合物被氧化；　　D. 使反应进行更完全。

解：

强酸介质中，配体酸效应强烈，反应进行得不完全，故答案 A，D 不正确；Fe(Ⅲ)不可能被氧化，故答案 C 不正确。Fe^{3+} 易水解生成氢氧化铁沉淀，故答案 B 正确。

例 10.13 $Na_3[Co(ONO)_6]$的名称为__________，是定性检出__________离子的试剂。反应应在弱酸性（醋酸介质）进行，若酸性或碱性过高，则分别因__________效应和__________效应而失败，反应式分别为_______________和__________。

解：

六亚硝酸根合钴(Ⅲ)酸钠；K^+；配体酸效应；中心原子水解效应；

$2[Co(ONO)_6]^{3-} + 10H^+ = 2Co^{2+} + 5NO + 7NO_2 + 5H_2O$；

注意：Co^{3+} 具强氧化性，氧化 NO_2^- 而转化为 Co^{2+}。

$[Co(ONO)_6]^{3-} + 3OH^- = Co(OH)_3 + 6NO_2^-$

注意：碱性介质中，$Co(OH)_3$ 氧化能力很弱，是钴的稳定存在型体。详见本书氧化还原反应一章。

例 10.14 Fe^{3+} 能与磷酸生成稳定配合物 $Fe(HPO_4)_2^-$，故 $\varphi^{\ominus}\{Fe(HPO_4)_2^-/Fe^{2+}\}$ 比 $\varphi^{\ominus}(Fe^{3+}/Fe^{2+})$____，即 Fe^{2+} 的还原能力______。

解：

电对中氧化态物质 Fe^{3+} 浓度因生成配合物而降低，故 $\varphi^{\ominus}\{Fe(HPO_4)_2^-/Fe^{2+}\}$ 比 $\varphi^{\ominus}(Fe^{3+}/Fe^{2+})$低，使还原态物质 Fe^{2+} 还原能力增强。

例 10.15 AgCl、AgBr、AgI，不溶于氨水的为____，能溶于饱和碳酸铵的为__________。

解：

$AgX + 2NH_3 = Ag(NH_3)_2^+$，

$K^{\ominus} = K_{sp}^{\ominus}(AgX) \cdot K_f^{\ominus}\{Ag(NH_3)_2^+\}$

对于 AgCl、AgBr、AgI，$K^{\ominus}$分别等于 2.0×10^{-2}、5.9×10^{-6}、9.4×10^{-10}。前二者，$K^{\ominus} > 10^{-6}$，后者远远小于 10^{-6}，故 AgCl、AgBr 可溶于氨水，AgI 不溶。AgCl 溶于氨水完成趋势较高，甚至可溶于饱和碳酸铵水溶液解离出的低浓度氨中。

例 10.16　反应 $Ag(NH_3)_2^+ + Cl^- + 2H^+ = AgCl + 2NH_4^+$ 的标准平衡常数等于______。已知 $K_b^{\ominus}(NH_3) = 1.8\times10^{-5}$，$K_f^{\ominus}\{Ag(NH_3)_2^+\} = 1.1\times10^7$，$K_{sp}^{\ominus}(AgCl)=1.8\times10^{-10}$。

解：

$$K^{\ominus}=\frac{(K_b^{\ominus})^2}{K_f^{\ominus}K_{sp}^{\ominus}(K_w^{\ominus})^2}=\frac{(1.8\times10^{-5})^2}{1.1\times10^7\times1.8\times10^{-10}\times(1.0\times10^{-14})^2}=1.6\times10^{21}$$

例 10.17　若中心原子价层 d 轨道电子数为 1，或 2、3，能否只根据磁矩数据判断其形成的八面体形配合物为外轨型或内轨型？由此可知，将“外轨型配合物”与“高自旋配合物”混同，将“内轨型配合物”与“低自旋配合物”混同，是否正确？

解：

只根据磁矩数据不能判断其属于外轨型还是内轨型，因为无论生成外轨型还是内轨型配合物时，都不会发生电子重排。

不正确。

例 10.18　已知 $\varphi^{\ominus}(S/HgS) = 1.04\ V$，$\varphi^{\ominus}(NO_3^-/NO) = 0.96\ V$。标准状态下，HgS 能否被硝酸氧化为 S 而溶解？试定性解释为何 HgS 可溶于王水，且溶解时有 S 生成？

解：

标准状态下，HgS 不能溶于硝酸。

王水中含有高浓度的 Cl^-，可与 Hg^{2+} 生成稳定的配合物 $HgCl_4^{2-}$，同时游离出 S^{2-}，使溶液中 S^{2-} 浓度增高，使得 $\varphi(S/S^{2-})$ 降低，且硝酸浓度较高（$\sim3.75\ mol\cdot L^{-1}$），$S^{2-}$ 得以被硝酸氧化。

由此可知，HgS 溶于王水，配位反应起了重要作用。

例 10.19　向 1 L $c\{Ag(NH_3)_2^+\} = 0.10\ mol\cdot L^{-1}$、$c(NH_3) = 0.20\ mol\cdot L^{-1}$ 的溶液中，加入 0.001 0 mol KBr，是否有沉淀生成？已知 $K_f^{\ominus}\{Ag(NH_3)_2^+\} = 1.1\times10^7$，$K_{sp}^{\ominus}(AgBr) = 5.4\times10^{-13}$。

解：

设加入 KBr 前，溶液中 Ag^+ 浓度为 $x\ mol\cdot L^{-1}$：

	Ag^+	+	$2NH_3$	=	$Ag(NH_3)_2^+$
$c^{eq}/(mol\cdot L^{-1})$	x		0.20		0.10

$$K_f^{\ominus}=\frac{0.10}{0.20^2\times x}=1.1\times10^7$$

$$x=2.3\times10^{-7}\ mol\cdot L^{-1}$$

$\{c(Ag^+)/c^\ominus\}\{c(Br^-)/c^\ominus\} = 2.3\times10^{-10} > K_{sp}^\ominus(AgBr)$

故有 AgBr 沉淀生成。

例 10.20 在一含有过量配位剂 L 和配合物 ML 的溶液中，游离金属离子 M 的浓度 $c(M) = a\ mol\cdot L^{-1}$。加水使溶液体积增大 1 倍，计算此时的 $c(M)$。

解：稀释前：

	M	+	L	=	ML
$c^{eq}/(mol\cdot L^{-1})$	a		$c(L)$		$c(ML)$

$$a/c^\ominus = \frac{c(ML)}{K_f^\ominus\times c(L)}$$

稀释后：

	M	+	L	=	ML
$c^{eq}/(mol\cdot L^{-1})$	$c(M)$		$c(L)/2$		$c(ML)/2$

$$c(M)/c^\ominus = \frac{c(ML)/2}{K_f^\ominus\times c(L)/2} = \frac{c(ML)}{K_f^\ominus\times c(L)} = a/c^\ominus$$

故：$c(M) = a\ mol\cdot L^{-1}$

由于过量配位剂的同离子效应，使得溶液中金属离子浓度不随稀释而明显改变。此类溶液称为金属离子缓冲溶液。

三、自我检查

10.1 下列物质中，不可能作为配合物中配体的为：

A. H_2O； B. NH_4^+； C. NO； D. C_5H_5N。

10.2 一 Co^{3+} 离子形成的配合物，磁矩等于 0。此配合物的构型肯定为：

A. 直线形； B. 正方形； C. 四面体形； D. 八面体形。

10.3 CN^- 作为配体形成的配合物，稳定常数一般远大于 F^- 作为配体形成的配合物，一个重要原因是：

A. 前者受酸效应影响小；

B. 后者易受水解效应影响；

C. 前者一般为内轨型配合物，后者一般为外轨型配合物；

D. 前者一般为八面体构型，配位数较高，后者一般为直线形，配位数较低。

10.4 利用 $Na_3[Co(ONO)_6]$ 试剂定性检验 K^+ 时，适宜的介质条件为：

A. 硫酸； B. 硝酸； C. 醋酸； D. 氢氧化钠。

10.5 $Ag(NH_3)_2^+$、$Ag(SCN)_2^-$、$Ag(S_2O_3)_2^{3-}$、$Ag(CN)_2^-$ 的 $\lg K_f^\ominus$ 分别等于 7.03、7.57、13.46、21.10。下列电极的标准电极电势最高的为：

A. $Ag(NH_3)_2^+/Ag$； B. $Ag(SCN)_2^-/Ag$；

C. $Ag(S_2O_3)_2^{3-}/Ag$； D. $Ag(CN)_2^-/Ag$。

10.6 下列配体能作为螯合剂的是：

A. SCN^-； B. H_2NNH_2； C. SO_4^{2-}； D. $H_2NCH_2CH_2NH_2$。

10.7 下列配离子能够在强酸介质中稳定存在的是：

A. $[AlF_6]^{3-}$； B. $[Fe(C_2O_4)_3]^{3-}$； C. $[AgCl_2]^-$； D. $[Mn(NH_3)_6]^{2+}$。

10.8 反应 $Cu(NH_3)_4^{2+} + 2en = Cu(en)_2^{2+} + 4NH_3$ 的标准平衡常数等于________。已知 $K_f^\ominus\{Cu(NH_3)_4^{2+}\} = 2.1\times10^{13}$，$K_f^\ominus\{Cu(en)_2^{2+}\} = 4.0\times10^{19}$。

10.9 反应 $ZnS + 4NH_3 = Zn(NH_3)_4^{2+} + S^{2-}$ 的标准平衡常数与 $K_{sp}^\ominus(ZnS)$ 及 $K_f^\ominus\{Zn(NH_3)_4^{2+}\}$的关系为________。

10.10 反应 $Fe(SCN)_3 + 3H^+ = Fe^{3+} + 3HSCN$ 的标准平衡常数等于________，因此，利用 KSCN 定性检测 Fe^{3+} 的反应才能得以在强酸条件下进行。已知 $K_f^\ominus\{Fe(SCN)_3\} = 4.4\times10^5$，$K_a^\ominus(HSCN) = 1.4\times10^{-1}$。

10.11 向 $Hg(NO_3)_2$溶液中滴加 KI，首先有______色______沉淀生成，继而得到____色____溶液。有关反应分别为______、______。所得产物的碱性溶液是定性、定量检测____的试剂，俗称____试剂。

10.12 由数据 $\varphi^\ominus(Co^{3+}/Co^{2+}) = 1.83$ V，$\varphi^\ominus(O_2/H_2O) = 1.23$ V 可知，Co^{3+} 在水溶液中不能稳定存在，所以不可能用 $Co(NO_2)_3$ 在水溶液中制备 $Na_3[Co(ONO)_6]$ 试剂。该试剂由 $Co(NO_2)_2$ 和 $NaNO_2$ 溶液混合后，被空气氧化而制得。据此可知，$\varphi^\ominus\{Co(ONO)_6^{3-}/Co(ONO)_6^{4-}\}$ ____ $\varphi^\ominus(Co^{3+}/Co^{2+})$，$K_f^\ominus\{Co(ONO)_6^{3-}\}$ ______ $K_f^\ominus\{Co(ONO)_6^{4-}\}$。

10.13 计算 0.10 mol HgI_2 溶于 1 L KI 溶液时，KI 的最低浓度 c(KI)。已知：$K_{sp}^\ominus(HgI_2) = 5.0\times10^{-29}$，$K_f^\ominus(HgI_4^{2-}) = 6.3\times10^{29}$。

自我检查参考答案

10.1 B 10.2 D 10.3 C 10.4 C 10.5 A 10.6 D 10.7 C

10.8 1.9×10^6

10.9 $K_{sp}^\ominus(ZnS)\times K_f^\ominus\{Zn(NH_3)_4^{2+}\}$

10.10 8.3×10^{-4}

10.11 红色，HgI_2，无色，HgI_4^{2-}，$Hg^{2+} + 2I^- = HgI_2$，$HgI_2 + 2I^- = HgI_4^{2-}$，$NH_4^+$，奈斯勒

10.12 小于，大于

10.13 0.26 mol·L^{-1}

四、习题答案

10.1 氯化四氨合锌(Ⅱ)，六氟合铝(Ⅲ)酸钾，硫酸四氨・二水合钴(Ⅱ)，氯化一氯・五氨合铂(Ⅳ)，四碘合汞(Ⅱ)酸钾，六亚硝酸根合钴(Ⅲ)酸钠，四氯・二氨合铂(Ⅳ)，氯化三(乙二胺)合钴(Ⅲ)

10.2 (2)

10.3 (4)

10.4 (1)Zn^{2+}：$3d^{10}4s^{0}4p^{0}$，sp^{3}杂化，正四面体

(2)Hg^{2+}：$5d^{10}4s^{0}4p^{0}$，sp^{3}杂化，正四面体

(3)Mn^{2+}：$3d^{5}4s^{0}4p^{0}4d^{0}$，$sp^{3}d^{2}$杂化，正八面体

(4)Co^{3+}：$3d^{6}4s^{0}4p^{0}$，$d^{2}sp^{3}$杂化，正八面体

10.5 (4)

10.6 (1)

10.7 (4)

10.8 (1)

10.9 解：设混合液中 Ag^{+} 的浓度为 x mol・L^{-1}

	Ag^{+}	+	$2NH_3$	=	$Ag(NH_3)_2^{+}$
$c_0/(\text{mol}\cdot\text{L}^{-1})$	0.10		0.40		0
$c^{eq}/(\text{mol}\cdot\text{L}^{-1})$	x		$0.40-2(0.10-x)$		$0.10-x$

$K_f^{\ominus}\{Ag(NH_3)_2^{+}\}=\dfrac{0.10}{x\times 0.20^2}=1.1\times 10^{7}$，解得 $x=2.3\times 10^{-7}$，

$\therefore c(Ag^{+})=2.3\times 10^{-7}\ \text{mol}\cdot\text{L}^{-1}$，$c\{Ag(NH_3)_2^{+}\}=0.1\ \text{mol}\cdot\text{L}^{-1}$。

10.10 解：设离解度为 1% 时，溶液中 NH_3 的浓度为 x mol・L^{-1}，

	Ag^{+}	+	$2NH_3$	=	$Ag(NH_3)_2^{+}$
$c^{eq}/\text{mol}\cdot\text{L}^{-1}$	0.001 0		x		0.099

$K_f^{\ominus}\{Ag(NH_3)_2^{+}\}=\dfrac{0.099}{0.001\,0x^2}=1.1\times 10^{7}$

$\therefore c(NH_3)=3.0\times 10^{-3}\ \text{mol}\cdot\text{L}^{-1}$

$$c(NH_4^{+})=0.10\ \text{mol}\cdot\text{L}^{-1}+0.002\,0\ \text{mol}\cdot\text{L}^{-1}-3.0\times 10^{-3}\ \text{mol}\cdot\text{L}^{-1}$$
$$=0.099\ \text{mol}\cdot\text{L}^{-1}$$

$$pOH=pK_b^{\ominus}(NH_3)-\lg\frac{c(NH_3)}{c(NH_4^{+})}=4.76+1.52=6.28$$

pH=7.72，所以溶液的 pH 不应低于 7.72。

10.11　解：开始生成沉淀时：

$$c(Ag^+)/c^\ominus=\frac{K_{sp}^\ominus(AgCl)}{c(Cl^-)/c^\ominus}=\frac{1.77\times10^{-10}}{0.10}=1.77\times10^{-9}$$

	Ag^+	+	$2NH_3$	=	$Ag(NH_3)_2^+$
$c^{eq}/(mol\cdot L^{-1})$	1.77×10^{-9}		x		0.10

$$K_f^\ominus\{Ag(NH_3)_2^+\}=\frac{0.10}{1.77\times10^{-9}\times x^2}=1.1\times10^7$$

$\therefore c(NH_3)=2.3\ mol\cdot L^{-1}$

$c(NH_4^+)=5.0\ mol\cdot L^{-1}-2.3\ mol\cdot L^{-1}=2.7\ mol\cdot L^{-1}$

$$pOH=pK_b^\ominus(NH_3)-\lg\frac{c(NH_3)}{c(NH_4^+)}=4.82$$

pH=9.18

10.12

	Ag^+	+	$2S_2O_3^{2-}$ =	$Ag(S_2O_3)_2^{3-}$
$c^{eq}/(mol\cdot L^{-1})$	x		0.10	0.050

$$K_f^\ominus=\frac{0.050}{x\times0.10^2}=2.9\times10^{13}$$

得：$c(Ag^+)=1.7\times10^{-13}\ mol\cdot L^{-1}$

欲生成沉淀所需 KCl 和 KI 的浓度分别为：

$$c(KCl)=\frac{2c^\ominus\times K_{sp}^\ominus(AgCl)}{c(Ag^+)/c^\ominus}=2.0\times10^3\ mol\cdot L^{-1}$$

$$c(KI)=\frac{2c^\ominus\times K_{sp}^\ominus(AgI)}{c(Ag^+)/c^\ominus}=1.0\times10^{-3}\ mol\cdot L^{-1}$$

10.13

(1) $Cu(OH)_2+4NH_3=Cu(NH_3)_4^{2+}+2OH^-$

$K^\ominus=K_{sp}^\ominus\{Cu(OH)_2\}K_f^\ominus\{Cu(NH_3)_4^{2+}\}=4.6\times10^{-7}$

反应难以自发进行。

(2) $Cu(OH)_2+2NH_3+2NH_4^+=Cu(NH_3)_4^{2+}+2H_2O$

$K^\ominus=K_{sp}^\ominus\{Cu(OH)_2\}\ K_f^\ominus\{Cu(NH_3)_4^{2+}\}\{1/K_b^\ominus(NH_3)\}^2=3.1\times10^3$

反应易于自发进行。原因为 NH_4^+ 与生成的 OH^- 结合为 NH_3，反应(1)化学平衡正向移动的结果。故 $Cu(OH)_2$ 不易溶于氨水，但可溶于含有 NH_4^+ 的氨水，是配位反应、酸碱反应共同作用的结果。$Zn(OH)_2$ 也不易溶于氨水，但可溶于含有 NH_4^+ 的氨水，原理同上。

10.14

	Zn^{2+}	+	$4NH_3$	=	$Zn(NH_3)_4^{2+}$
$c^{eq}/mol \cdot L^{-1}$	x		0.10		0.10

$$K_f^{\ominus}\{Zn(NH_3)_4^{2+}\}=\frac{0.10}{x\times 0.10^4}=2.9\times 10^9$$

$$c(Zn^{2+})/c^{\ominus}=3.4\times 10^{-7}$$

$$\varphi(Zn^{2+}/Zn)=\varphi^{\ominus}(Zn^{2+}/Zn)+\frac{2.303RT}{2F}\lg\{c(Zn^{2+})/c^{\ominus}\}=-0.95\ V$$

	Cu^{2+}	+	$4NH_3$	=	$Cu(NH_3)_4^{2+}$
$c^{eq}/mol \cdot L^{-1}$	x		0.10		0.10

$$K_f^{\ominus}\{Cu(NH_3)_4^{2+}\}=\frac{0.10}{x\times 0.10^4}=2.1\times 10^{13}$$

$$c(Cu^{2+})/c^{\ominus}=4.8\times 10^{-11}$$

$$\varphi(Cu^{2+}/Cu)=\varphi^{\ominus}(Cu^{2+}/Cu)+\frac{2.303RT}{2F}\lg\{c(Cu^{2+})/c^{\ominus}\}=0.04\ V$$

$$\therefore \varepsilon=0.04\ V-(-0.95\ V)=0.99\ V$$

10.15

	$AgCl$	+	Cl^-	=	$AgCl_2^-$
$c^{eq}/mol \cdot L^{-1}$			x		0.10

$$K^{\ominus}=K_{sp}^{\ominus}(AgCl)K_f^{\ominus}(AgCl_2^-)=\frac{0.10}{x}=5.3\times 10^{-5}$$

$$x=1.9\times 10^3$$

$$m(NaCl)=c(NaCl)VM(NaCl)=1.1\times 10^4\ g$$

加入沉淀剂过多，可能由于配合物的生成反而使沉淀溶解度增大。

10.16

(1)	Zn^{2+}	+	$4NH_3$	=	$Zn(NH_3)_4^{2+}$
$c^{eq}/mol \cdot L^{-1}$	1.0×10^{-4}		x		0.20

$$K_f^{\ominus}=\frac{0.20}{1.0\times 10^{-4}\times x^4}=2.9\times 10^9$$

得：$c(NH_3) = 0.029\ mol \cdot L^{-1}$

$c(OH^-)/c^{\ominus} = \sqrt{K_b^{\ominus}(NH_3)c(NH_3)/c^{\ominus}} = 7.2\times10^{-4}$

$\{c(Zn^{2+})/c^{\ominus}\}\{c(OH^-)/c^{\ominus}\}^2 = 5.2\times10^{-11} > K_{sp}^{\ominus}\{Zn(OH)_2\}$

∴有沉淀生成

(2)同理可计算得，当 $c(Zn^{2+}) = 1.0\times10^{-10}\ mol \cdot L^{-1}$ 时：

$c(NH_3) = 16\ mol \cdot L^{-1}$

$c(OH^-) = 0.017\ mol \cdot L^{-1}$

$\{c(Zn^{2+})/c^{\ominus}\}\{c(OH^-)/c^{\ominus}\}^2 = 2.9\times10^{-19} < K_{sp}^{\ominus}\{Zn(OH)_2\}$

∴无沉淀生成

向含有 Zn^{2+} 的溶液中滴加氨水，开始有白色 $Zn(OH)_2$ 沉淀生成，继而沉淀溶解，得到无色的 $Zn(NH_3)_4^{2+}$ 溶液。

10.17

	Ag^+	+	$2S_2O_3^{2-}$	=	$Ag(S_2O_3)_2^{3-}$
$c^{eq}/mol \cdot L^{-1}$	x		$0.30+2x \approx 0.30$		0.10

$$K_f^{\ominus} = \frac{0.10}{0.30^2 x} = 2.9\times10^{13}$$

解得：

$$c(Ag^+)/c^{\ominus} = 3.8\times10^{-14}$$

$\{c(Ag^+)/c^{\ominus}\}\{c(Br^-)/c^{\ominus}\} = 3.8\times10^{-15} < K_{sp}^{\ominus}(AgBr)$

故：无沉淀生成。

10.18

$AgBr + 2NH_3 = Ag(NH_3)_2^+ + Br^-$

$K^{\ominus} = K_{sp}^{\ominus}(AgBr)K_f^{\ominus}\{Ag(NH_3)_2^+\} = 5.89\times10^{-6}$

$n(AgBr) = 5.3\times10^{-4}\ mol$

故：若完全溶解后，$c\{Ag(NH_3)_2^+\} = c(Br^-) = 5.3\times10^{-3}\ mol \cdot L^{-1}$，$c(NH_3) \approx 1.0\ mol \cdot L^{-1}$

算得反应商：

$Q = 2.8\times10^{-5}$

$Q > K^{\ominus}$

故：不可完全溶解。

10.19

(1)$AgBr + 2S_2O_3{}^{2-} = Ag(S_2O_3)_2^{3-} + Br^-$

$K^{\ominus}=K_{sp}^{\ominus}(AgBr)K_f^{\ominus}\{Ag(S_2O_3)_2^{3-}\}=15.5$

(2) $AgBr+2NH_3=Ag(NH_3)_2^{+}+Br^{-}$

$K^{\ominus}=K_{sp}^{\ominus}(AgBr)\ K_f^{\ominus}\{Ag(NH_3)_2^{+}\}=5.99\times10^{-6}$

10.20

$$\varphi^{\ominus}\{Co(NH_3)_6^{3+}/Co(NH_3)_6^{2+}\}=\varphi^{\ominus}(Co^{3+}/Co^{2+})+\frac{2.303RT}{F}$$

$$\lg\frac{K_f^{\ominus}\{Co(NH_3)_6^{2+}\}}{K_f^{\ominus}\{Co(NH_3)_6^{3+}\}}=1.83\ V+0.059\ V\times\lg\frac{1.3\times10^{5}}{2\times10^{35}}=0.049\ V<\varphi^{\ominus}(HO_2^{-}/OH^{-})$$

故反应自发正向进行。

参 考 文 献

[1] 王红梅，赵士铎. 普通化学. 4 版. 北京：中国农业大学出版社，2019.

[2] 孙英，任丽萍，赵士铎，等. 普通化学. 修订版. 北京：科学技术文献出版社，2006.

[3] 赵士铎，周乐，董元彦，等. 化学复习指南暨习题解析. 10 版. 北京：中国农业大学出版社，2017.

[4] 华彤文，王颖霞，卞江，等. 普通化学原理. 4 版. 北京：北京大学出版社，2013.

[5] 北京大学《大学基础化学》编写组. 大学基础化学. 北京：高等教育出版社，2003.

[6] Ralph H. Petrucci，William S. Harwood，F. Geoffrey Herring. 普通化学原理与应用. 8 版. Genral Chemistry Principles and Modern Applications. Eighth Edition(影印版). 北京：高等教育出版社，2004.

[7] 严宣申，王长富. 普通无机化学. 2 版. 北京：北京大学出版社，2000.

[8] Goldberg D H. Shaum's 题解精粹：化学. 北京：高等教育出版社，2000.